如何完善你的气场

谭 波◎编著

吉林出版集团股份有限公司

图书在版编目（CIP）数据

如何完善你的气场 / 谭波编著. — 长春：吉林出版集团
股份有限公司, 2018.7

ISBN 978-7-5581-5205-4

Ⅰ. ①如⋯ Ⅱ. ①谭⋯ Ⅲ. ①成功心理－通俗读物
Ⅳ. ①B848.4-49

中国版本图书馆CIP数据核字（2018）第134113号

如何完善你的气场

编　　著	谭　波	
责任编辑	王　平　史俊南	
开　　本	710mm×1000mm　1/16	
字　　数	260千字	
印　　张	17.5	
版　　次	2018年11月第1版	
印　　次	2018年11月第1次印刷	
出　　版	吉林出版集团股份有限公司	
电　　话	总编办：010-63109269	
	发行部：010-67208886	
印　　刷	三河市天润建兴印务有限公司	

ISBN 978-7-5581-5205-4　　　　　　　　　　定价：45.00元

前言

现实生活中，人们通常以每个人为圆心、以其所经历的各种场合为半径画一个圆，来代表一个人的气场。当然，强大的气场并非与生俱来，是人们给他人的感觉和影响的身心状态，并因感受者的存在而存在，是通过后天的修炼获得的。

美国心灵励志大师菲尔博士说："有生命就有气场，它是我们身上无形的精神符号，它能够告诉别人自己是健康的、积极的、阳刚的、有能力的，还是消极的、颓废的、无所作为的、阴郁保守的。它不需要说话，也不需要特地说明，就能为你打开与人交往的第一扇大门。"

俗话说："金无足赤，人无完人。"尽管每个人都不可能十全十美，但我们可以努力做到尽善尽美，凸显出人生的价值和意义。每个人的气场无时无刻不在发生着微妙的变化，一个人完全可以掌控自己的气场，把排斥力变成吸引力，从而让你的魅力无所不在，使你如鱼得水、游刃有余。

人生的道路，有的是荆棘丛生的困难之路，有的是一马平川的开阔之途。可见，人生之路就是一条充满各种挑战和机遇的漫长的道路。但不可否认的是，决定一个人命运和生命高点的，不是他所处的环境，更不取决于他所拥有的财富，而是长期以来经由他的精神作用而形成的强大的意念。

我们知道，凡事都是从内心开始，让自己有对某一件东西的渴望，从而充满了追求的欲望，而这种追求的意念，就是一个人成功的关键之所在。能否让自己拥有这种意念，能否正确地运用这种意念，事关一个人事业和人生的成败。因此，意念的作用至关重要。在困难面前，面临人生重大抉择的时候，意念会让一个人拥有直面困难的勇气，能够让一个人作出正确的选择。这就是意念的力量。

人的潜能总是在特定的条件下发挥出来，而意念就是让这个潜能发挥的契机。意念是每个人生而就有的精神力量，只要能够发挥出它的强大作用力，战胜欲望与恐惧，培养出坚信、坚持与坚韧的力量，克服前进道路上的困难，就可以拥有幸福、成功的人生。这对于那些在社会中感到迷茫而又想要成功的年轻人，指引他们靠自己的意念去培养自己各方面的素质、能力，最终过上积极向上的生活，取得属于自己的成功。

同时，在我们体内还有一种潜藏的强大力量，它聚集了人类数百万年的遗传信息，但是至今无人能将它开发出来。据统计，一般人只用到了10%的潜意识力量。事实上，潜意识并不是什么神秘的领域，它可以在我们日常生活中的许多角落被发现。

潜意识有三种成分：第一种成分是我们尚未发掘的能量；第二种成分是过去生活中积淀下来的经验、挫折与创伤；第三种成分则是我们生命的原动力，即欲望、冲动与追求。实际上，在通常状态下，正是由于受到上述第二种与第三种成分的影响，才使得我们潜意识中的第一种成分，即那些巨大的潜能不能充分地发挥出来。

简言之，我们所谈的潜意识，是一种与理性相对立存在的本能，是人类固有的一种动力，也是人类所追求满足的、享受的、幸福的生活潜意识。这种潜意识虽然看不见摸不着，却一直在不知不觉中控制着人类的言语行动。在适当的条件下，这种潜意识可以升华成为人类文明的原始动力。

所以，从现在开始，我们要充分认识到潜意识的力量，让我们在这个潜意识世界里，尽可能地去发现一个正确的、值得你用心的地方。要知道，一个人的能量是有限的，不同的人能量场的强度也是不同的，而那些有特异功能的人就是通过能量场所产生的意念力，做出常人所不能做的事。这个能量场其实就是人们说的"正气"。

朋友，相信你通过阅读本书，一定能获得对气场、意念、潜意识的全面认识。气场、意念、潜意识三者相辅相成，如果我们掌握了这三者，就一定会感觉自己成了一股强大的能量中心，如果我们按照其中的方法进行科学合理、持之以恒的修炼，必然能够完全操纵自己的气场、意念、潜意识，你也就掌控了人生的三大心理密码，从而成为生活中的魅力达人。如果你想走向成功，那么就请你每天增加个人修养，提升强大气场，去征服一切困难，拥抱幸福生活，走向辉煌人生！

CONTENTS 目录

第一章

感受气场，
操控气场

  每个人身体周围都有属于自己的气场，一举一动都会引起身体气场的微妙变化。只要你细心留意，这些变化很容易就被我们感受到。现实生活中，越是气场历练高深的人，越能感受到气场的细微变化。当修炼到一定程度，你就能收放自如，纵情挥洒，"出词动气容貌，听者任其擒纵"。欲修炼自己的强大气场，就要时刻注意感受自己气场的微妙变化。

  你必须知道，每个人的气场是与生俱来的天赋和后天环境磨砺的共同结晶。为了赢得成功和尊重，获得幸福健康的生活，在你了解什么是气场、气场拥有何种改变命运的力量的同时，你需要学会如何操控气场，并用气场来塑造自我，让自己独一无二的气场发挥最大的功用。因为气场是一种自我塑造，气场决定你的人生。

感受气场的
无所不在

现实生活中，芸芸众生都期待改变现状、改变命运，他们也一直在寻找真正能改变现状、改变命运的方法。其实，无论你想得到什么或者改变什么，都要靠自身的力量。你的自身力量越强大，你所能改变现状的概率也就越大。如果你能够充分并完善地运用这种力量，那你将成为一个主宰自己命运的主人。这种力量就是你的气场，你的气场会通过它的力量和能量让你懂得真正的生命法则的含义。未来掌控在你自己手里，别人面对选择或许惶恐不已、战战兢兢，但如果你的气场足够强大，这种惊恐对你而言也就无关紧要了。因为强大的气场能够赋予你无穷的能量，而无穷的能量将成为你生命中的制胜法宝，成为指引你人生的导航仪。所以说，千万不要忽视"气场"在你生命中所扮演的不可或缺的重要角色。

在茫茫宇宙中，神奇大自然中的五行六气相互作用，诞生出独特的地球万物。人的气场就是从这里开始，以此为基础并包容在整个物的气场里面，同时人的气场又彼此交互影响，互相传递，生生不息。人生活在宇宙气场之中，就如同鱼儿生活在水中是同样的道理，只不过二者的特征不一致罢了，水有形而气无形。在水中游刃有余的鱼儿一旦离开了水就无法存活，在地球上活蹦乱跳的人一旦离开气场结局也只能是死亡——肉体与精神的双重死亡。人活着就得有气场，它是生命的保证。气场的变化决定着我们的方向和成败，并为我们构建了一个独特的人生环境。宇宙间的万物，一是有形的形象物体，二是作用于物体变相的无形作用力，气场就属于后者。在宇宙中，我们人与人之间，到处都被这种无形的力量所环绕。这种力量往大了说可左右日月星辰的有序运行，往小了说可作用于人的生命运动。人类的肉身若离开了这些力量，剩下的就只能是"行尸走肉"了。

现实生活中，有的人貌似凶神恶煞，处处压着别人，却只让人鄙视唾弃。与此相反，有的人彬彬有礼，不动声色，却是不怒自威，让人感觉气势不凡，尊敬有加。这就是气场的不同。

《三国演义》中传说着一个有趣的故事，说的就是气场这回事儿。三国时期，魏王曹操统一了中国的北方之后，声威大振，诸多部落望风披靡。其中，一个匈奴国王派出使者给曹操奉送金银珠宝，同时，使者还有一个任务，就是观察曹操这个人到底怎么样，是不是做皇帝的料，值不值得匈奴国王依附。于是，使者要求见曹操一面。但曹操觉得自己长得又丑又矮，怕压不住匈奴使者，让匈奴王觉得自己好欺负而暗怀反心，不肯归顺。于是，他就把一个叫崔琰的人叫来，让他坐在自己的床上接见那个使者。崔琰是典型的谋士形象——眉目清秀、身材高大、气宇轩昂，而曹操自己则拿了一把大刀站在床边装成侍卫的模样。接见完毕，魏王曹操派人去问匈奴王的使者对自己的看法。使者却说："魏王很英俊，也很有风度，不过我觉得他身边的卫士——床边拿着大刀的那个人——才是真正的英雄啊！"

气场看不见摸不着，但每个人都有气场。气场是装不出来的，气场是种感觉，特别是那些大牌明星、公众人物，一出场那股架势，那个底气，那个范儿让人钦佩不已，暗里着迷。其实，那就是一股强大的气场。生活中，那些领导人物、电影演员、演讲名家、培训高手等，是体现气场最明显不过的角色。马三立老先生、本山大叔等人上台一亮相，台下观众那高兴劲、那笑声就来了，这不就是演员们的气场吸引力所致吗？陈道明在《康熙王朝》里演的康熙大帝，霸气贵气十足，让多少影迷拍案叫绝。而王刚在《铁齿铜牙纪晓岚》里饰演的大贪官和珅，就连他自己也惊呼无法超越。其实，表演的高境界并不是完成某一个角色，把角色的形态动作演得形象逼真，而是要把主人公骨子里的习气与习性演出来。也就是说要神似，这样才能演出一种气场，演出一种诗意，演出一种流水般的质感来，这才是最让人着迷的地方。

在生活的这个大舞台上，我们时时刻刻都在表演。人们都有取得成功的渴望，气场要做的就是满足这种渴望，让你实现自己的人生价值。气场既是一个人能力的体现，也能够影响和感染周围的人，让人们和你一样具有积极热情、乐观向上的态度。"气场"不等同于"吸引力法则"，其远比"吸引力法则"更为强大、更有内涵。人们所熟知的"吸引力法则"不过是"气场"的一个支线而已。吸引力法则更多的是强调依托于意志以及天赋发挥作用，而"气场"却是一种可以通过后天的修炼来获得提升的。所以说，人人都能获得气场这把改变命运的万能钥匙。气场改变命运，气场决定人生！

[你是气场
强大的人吗]

达·芬奇曾说："从仪态了解人的内心世界，把握人的本来面貌，往往具有相当的准确性和可靠性。"仪态又称体态，是指人们在生活过程中身体呈现的各种姿势及风度，包含举止、言语、表情等。现实生活中，每个人各种身体姿势的变化都能展现出一个人所狃具的形体魅力，即身体语言。这种身体语言有一部分是先天性的，而大部分则是在后天生活中习得的。风度作为仪态的重要组成部分，是一个人德才学识各方面修养的外在表现，是人们的行为和待人接物时的一种比较稳定的、习惯的外在方式。同时，风度还能展现出一个人的性格、品质、情趣、受教育水平以及被人信任的程度，是个人在生活和实践及处在不同形态的历史文化氛围中逐渐形成的行为举止的综合。

尽管仪态是一种无声的肢体语言，但任何一种行为举止都毫不掩饰地反映了一个人当时的某种心理状态和内在修养。所以，用优美的仪态礼仪表情达意，往往比语言更让人感到真实、生动。一个人若想在举手投足之间显出自然而优雅的气质，离不开适当的教导和不断的练习，将肢体语言的训练运用到很娴熟的地步，并将其融化为自己生活的一部分，这时的仪态才能显示出自然优美的极佳效果。同时，只有在真正体验到他人内心情感的前提下，才有可能准确理解他人的种种体态语。做到了这一点，你才能切实做到善解人意。现实社会中，优美的仪态在很多时候都能达到无声胜有声的良好效果，其重要性在任何场合都是不容忽视的。

培根曾经说过："在美方面，相貌的美高于色泽的美，而秀雅合适的动作美，又高于相貌之美。"仪态体现一个人的气场，尤其是一个人的站姿。站，是人类有别于其他动物的象征。站姿作为人类唯美的静态造型，是人身体直立时的一种特有姿势，同时也是人体其他造型的基础和起点。毋庸置疑，优美的站姿是人体形态美的起点，是动态美的基础。站姿反映出一个人的修养、教育程度、性格、身体状况以及人生阅历。更为重要的是，正确的站姿能够帮助呼吸和改善环境，减轻身体疲劳，同时会给人以挺拔笔直、舒展俊美、庄重大方、精力充沛、信心十足、积极向上的美好印象。所以说，很多公众人物的一颦一蹙，一个小小的举动，就能给他人留下深刻的印象，这就是仪态所展现的巨大力量。

当然，让自己成为榜样也是塑造强大气场的一个重要因素。任何时候，榜样都是不容忽视的重要力量。俗话说："榜样的力量是无穷的。"的确，其影响可以从改变一个人的细节延续到人生的终点，其内容可涉及一个人的心理、意志、情感、道德品质、性格能力、生活方式等诸方面。因此，榜样的力量在一个人的成长过程中起着不可或缺的重要作用。古人就明白"以人为镜，可以明得失"的道理，男女老幼均会以榜样的标准来衡量自己，以此来扬长避短，不断提升自我的综合素质，这样的进步是最快也是最有效的。古往今来，榜样的力量是无价的，因为它能够产生巨大的影响力和号召力，尤其在人的精神层面上，其意义非同凡响。

"治天下必先治己，治己必先治心；争天下必先争人，争人必先争心。"一个普通人需要努力学习并发挥榜样的作用，一个优秀的管理者更需要时刻树立良好的榜样效应，从而真正带领团队共同发展和进步。美国全国疾病研究中心教授L.杜嘉说："你的下属一看你的行动，便明白你对他们的要求。"凡事敢为人先、身先士卒、以身作则，这样才能真正发挥你的影响力，让大家彻底信任于你，紧紧围绕在你的周围，并乐意与你合作共事，甘于奉献。

除了仪态和榜样的重要作用之外，周围的人是否都敬重你，则充分折射出一个人是否具有强大的气场。有人说："造就政治家的，绝不是超凡出众的洞察力，而是他们的品格。"一个人的品格是决定自身价值高低的一个重要因素，同时还是魅力的重要源泉。夏尔·戴高乐就曾说过："那些具有品格的人会放射出磁石般的力量，对于追随他们的人来说，他们是最终目标的象征，是希望的象征。"在人际交往中，面对同样的问题或矛盾，为什么不同的人参与效果却大相径庭呢？答案是显而易见的，个人品质使然，即人格的力量方面的差别。人格是一个人个性的综合体现，是一个人独特的相对稳定的心理及行为模式。

人格魅力表现在生活中的点点滴滴，一个人的品德、性格、处世方式、待人态度……都在默默地塑造着自己的人格魅力。我们必须明白，只有具备了他人喜欢的人格，生活起来才会比较轻松，人与人之间的交往也才会有良好的效果。当然，受人敬重的人格取决于自身的道德修养、知识结构、水平能力、语言行为乃至形象塑造。人格展示的是人的综合素质，凸显的是一个人的内心世界和最富感染力的元素。

在竞争激烈的市场经济条件下，复杂的生活方式和工具性的人际关系、不正当的色情交易和金钱物质的引诱，往往会使人的人格发生扭曲。不能自重自律的人，也许会以为他为个人赢得了不少东西，但他们却丢掉了最宝贵的东西，那就是他们自己。真理哪怕只是超过一小步，也就成了谬误。在与他人交往时，很多看似简单的事情都是极其微妙和细腻的，偶尔缺乏节制的行为往往成了因小失大的开始。所以，只注重物质或权力而不修炼人格的人是难以有所作为的，更谈不上气场或是魅力。当然，与成功辉煌的人生就更是相去甚远了。

华盛顿是美国历史上第一任总统。尽管他一生位居要职，从大陆军队总司令到美国第一任总统，权力至高无上，但他内心深处却始终漠视权力与金钱，时刻坚守着自己的人格。他身居豪门，财产无数，而当他为国家献身之时，却拒绝了任何应得的报偿。他坚信，全体民众的满意就是他所获得的最高报酬，这也正是他的人格魅力所在。

在华盛顿眼中，出任公职完全是出于一颗爱国之心，应该努力为自己的国家承担义务。在华盛顿的一生中，他始终把国家和民族的利益放在至高无上的位置。为此，他从不计较个人得失，而是甘于无私奉献。尽管他一生从事政治活动，但却从不参与政治争斗，更不追逐政治权力。他的一生对金钱、地位、权力等无动于衷，因为他最珍惜的是自己获得的各种荣誉，最渴求的是民众给予的敬重与满意。华盛顿的几次退隐经历，更有力地证明了他的人格魅力。

第一次是在当选为弗吉尼亚州的议员后，他毅然辞去军职而退隐乡下过起普通人的生活。而当美国独立势头风起云涌的时候，他为了民族利益再度出山，并担任大陆军队总司令一职。然而，美国的独立战争胜利后，他认为自己的使命已完成，再度放弃了高官厚禄，又一次退隐归乡。正因为他的伟大人格，华盛顿受到了美国及至全世界人民的尊崇与爱戴。

品格是一个人的内心世界的外在表现，品格是决定各方面影响力的核心因素。简而言之，能体现一个人人格魅力的品格因素有诚信、正直、坚强、自信、乐观、进取、好学以及严格律己等。品格高尚的人可以获得对他人的尊敬、爱戴之情，使之具有强大的影响力和感召力。反而言之，一个人如果品格低下，无论其有多高的职位、多深的资历，其人格也只是臭名远扬，让人厌恶而已。因此，时刻注重个人修养的提高和人格的培养，是一个人获得他人敬重的核心因素。

[感知情绪，操控气场]

　　情绪的感染力是无处不在、无时不有的，偶尔你会做一个主动的感染源，偶尔会在不经意间成了某种情绪的被动感染者。在激情如火的演唱会上，活力四射的歌手们把台下观众的情绪调动得同样兴奋无比，他们的歌声和舞姿扣人心弦，而且他们的情绪让观众们不由自主地身临其境。同样，观众在看一些缠绵悱恻、凄惨悲切的电影时，会被剧中人物演绎的悲情深深打动，随着剧中人的情绪变化而把自己陷入其中，这些都是情绪感染的力量。在每一次与人交往过程中，我们都在不断地传递着情感信息，影响着周围的人，同时也在不断地接受着他人的情感信息。

　　近年来，行为神经学领域有了突出的新发现，即识别出了广泛分布于大脑不同区域的镜像神经元。这是一和此前未知的脑细胞类型，其作用就像一套神经无线网络系统，引导我们在社交网络中漫游。当我们有意无意地从他人的举动中感知到他们的情感时，我们的镜像神经元便会复制这些情感，大脑中无数镜像神经元协力工作，便会当即创造出一种共同体验的感受，即在体验上的感同身受。另有研究发现，良好的情绪有助于人们高效地识别信息，并快速作出富有创意的反应。根据上述原理，高效管理者能够令其追随者与之产生默契或共鸣，就是得益于镜像神经元和纺锤形细胞的神经回路，这种感受很大程度上是无意识的。与此同时，还有另外一类神经元也参与了这个过程，那就是振荡神经元。它通过调节人们身体相互配合的时间和方式，使他们协调一致。

同样，热情也是影响人际关系不可或缺的重要因素。研究表明，热情的人在与他人交往中往往更为积极主动，更勇于承担责任，更易于给予他人以关怀和帮助，因而更受人欢迎。这种源于个人自身的内部推动力即是情商。当一个人满怀热情地与人交往时，会把更多的注意力投注于交往对象以及双方的情感互动与交流上，使两人之间的情绪同步协调，而热情者往往是主动者、控制者。在情绪互动的过程中，高情商者往往是情绪的主导者，即由他把情绪传导给周围的人。一位管理者是否成功、能否胜任的一个重要标志，即是他能否鼓舞员工的士气，使他们居于一种比较积极、兴奋的情绪状态中，从而产生更好的工作绩效。

　　在日常生活中，情绪的交流会细微到几乎无法察觉，却又无时不在地影响你的思想和行为。早晨某人无意间的一句话可能使你整天都处于一种焦躁不安、心神不宁的情绪状态中，影响了你一整天的工作效率。适度表达自己的情绪信息，使他人顺应你的情绪步调，一般有两种形式：语言的和非语言的。语言本身就含有丰富的情感信息，如何组织安排语言、运用什么样的词汇与人交谈，既是智商也是情商的体现。成功地运用鼓励、安慰、赞美的人，必定拥有一份成功的人际关系。除此之外，人的非言语表现也能调节情绪的协调程度，一个面带迷人微笑、充满自信和热情的人，随时随地都受欢迎。

　　其实，人际关系的一个基本定理就是情绪的相互感染，这是影响力的一个重要体现。人们在交往中，彼此传输和捕捉情绪信息，并汇聚成心灵世界的潜流，通过这股潜流的涌动来感染对方的情绪。一个人对这种情绪的控制能力越高，其在社交中的影响力就会越大。人们在交往时，情绪传递的方向总是从表达能力较强的一方指向相对较被动的一方。如果善于顺应他人情绪或使他人情绪顺应你的步调，必然能够提升自己的影响力，并建立良好的人际关系。成功的领导者和富有感染力的演讲家都具有这一重要特征，能用这种方式调动千万人的激情或眼泪，引起人们的共鸣。

运用我们的气场理论来说，情绪感染力其实就是人在宣泄自身情感时，形成的一个情感场，这个场可以感染周围的人，形成互动和感受到你的情绪感染所带来的效力。千万不可忽视情绪感染力的影响，因为它能影响周围的人，产生极为重要的作用。一是具有动力的作用。我们国家在落后的年代里之所以能够以弱胜强，战胜强大于我们的敌人，就是因为领导者强大的动员，产生了巨大的动力。二是具有迁移的作用，可以影响别人对某一事物的看法。比如一个领导，可以通过其亲民的举动和演讲，让不明真相的群众认清利弊，从而有所选择。时代伟人周总理就是凭着自己的人格魅力，让不同信仰的人们接受他的思想。三是具有感染的作用，让人感到一种震撼力。比如汶川地震后"四川不哭、中国加油"的呐喊声。四是具有渲染气氛，带动情绪的作用。希特勒发动的第二次世界大战，就是通过他混淆视听、蒙蔽世人的手段来达到其目的的。演讲者可以通过表情、动作来渲染加强自己的主张，让受众在情绪的感染下接受和认同，即使后来觉得不可思议，但在当时的氛围中，从众心理和氛围的渲染足以让人失去理智。

你在清晨走进公司的时候，经常会发现一种不同寻常的团队气氛。"嗨，今天大家不怎么兴奋？"你感受到了，许多人的眼光充满沮丧，做事也慢半拍。"听着，哥们儿，公司的股票下跌了，损失惨重。""喂，老板卷款逃跑了，我们事实上已成为失业者！"类似这样的坏消息，它在一瞬间让团队成为消极的涣散集体，毫无战斗力，你置身其中便会感受到那种苦涩的具有强大传染性的气氛。这种传染性经常还会是相反的。与此相反，当你懒洋洋地走进公司，正想趴在桌上小睡一会儿，因为昨晚你打了通宵的电子游戏，身体疲惫极了。但是你无法这样做，因为所有人都在拼命工作，他们比你早来半个小时，现在已经进入了一种拼命向前冲的工作状态。"嘿，站那儿干什么，快过来看看图纸！"此刻你就像被浇了一盆凉水，立刻清醒了，马上变得像他们一样兴奋，融入团队的积极气场。是的，无论是积极的还是消极的气场，它都会改造人，这即是情绪的强大感染力。

日本的《禅海珍言》中记载了一则"哭婆"变"笑婆"的故事：京都南禅寺前住着一位绰号"哭婆"的老太太，她雨天哭，晴天也哭，成年累月地以泪洗面，日子过得十分凄苦。南禅寺的和尚问她："老太太，你怎么总是哭呢？"她边哭边答："老方丈，你有所不知啊！我有两个女儿，大女儿嫁给了一个卖鞋的，小女儿嫁给了一个卖伞的。天晴的日子，我会想到小女儿家的伞卖不出去；下雨的时候，我又想到大女儿的鞋肯定没人买。想到这些，我怎么能不伤心落泪呢？"和尚劝她："老太太，你不要哭，下雨也好，天晴也好，我们都应该感激生活，好好地过日子。天晴的时候，你应去想大女儿的鞋店肯定生意兴隆；下雨时，你该去想你小女儿的伞店一定卖得很多。"老太太经他这样一点拨，当即"顿悟"，破涕为笑了。之后，她的生活内容虽说没有什么变化，但由于她观察生活的角度变了，也便由"哭婆"变为"笑婆"，整日里乐呵呵的，生活变得甜蜜和美，再也没有那些伤心事。

生活从来都是不完美的，如果你总是从失意的角度去看待它给你的回报，将社会的缺陷放大，那你看到的将是黑暗无比的一个世界。如果一个人做事不利，总结后就会发现原来是方法出了问题，而不是命运对己不公。倘若做人失败，就要多自问自省，这时才会明白或许是自己待人接物不成熟，而不是别人存心针对你。如果现在你是穷光蛋，并非上帝势利眼，不给你发财良机，而是自己能力不足、方式不对，有机遇也抓不住。如果将来变成了富翁，也绝非生活对你有意偏袒，而是因为你端正了态度，用勤奋的付出收获了应得的回报！这一切，都跟生活的技巧、赚钱的能力没有关系，与之有关的是生活的态度——唯有那些热爱生活、拥抱生活、感激生活、乐观上进的人，他们永远用最积极的态度对待生活，所以不管贫还是富，他们的气场永远是积极的，让人乐于接近的。因此，无论在任何时候，都记得让自己充满积极向上的情绪体验，唯有这样，你自己及周围才会漫步着积极情绪的强大感染场，使你浑身充满力量，乐观面对生活，幸福拥抱人生。

每个人的气场都可以改变

　　强大的气场并非与生俱来，是可以通过后天的修炼获得的，我们完全可以掌控自己的气场。只要你掌握了塑造气场的科学方法，你就能在日常社会生活中找到提升自我气场的金钥匙，发掘气场的最大成功潜能，分享全世界普通人都可以成功的秘诀。因为气场是可以在后天操纵的，只要你用心投入，道理就是这样简单。

　　气场对于生活中的每一个人来说都具有十分重要的现实意义。每一个人都有自己的命运，但自己的命运会如何呢？自己该如何来掌握自己的命运呢？自己的命运是走向成功的彼岸还是坠入失败的深渊呢？……面对诸如此类的问题的困扰时，大家该作出怎样的选择呢？是相信算命先生的扶鸾请仙还是神仙术士的星相占卜？人们该让什么来决定自己的命运呢？这个时候你就需要一个可信可靠的支持，这就是现在所讲的气场。

　　气场的概念，是著名的心理学家、美国第一心灵励志大师皮克·菲尔博士的一个重要理论。在这一理论中，他详细地论述了气场的概念和气场对于普通人乃至商界、政界等各个行业的明星人物的成功历程所起到的重要作用。从这些成功人士的经历中不难看出，这一理念对于一个人一生的成功与否所发挥的至关重要的作用。那么，气场是如何决定一个人的命运的呢？

　　众所周知，精神力量是一股无形的而又十分巨大的力量，它始终伴随人们的一生，从人们小时候对于一件新鲜玩具的渴望到成年后艰辛的求学历程，从个人开始做自己的第一份工作到淹取人生的第一桶金，精神的力量始终在每一个人的心里，是自己做一件事的动力，是自己面对失败时的精神支撑，是自己从挫折中奋发图强的精神信念。小到小时候十分想得到的一件玩具，大到一个人事业的成功，从小孩子对于美食的渴望，到当今世界各国领导人对于国家利益的追求，无时无地不存在着精神力量的影响。而这种巨大的精神力量就是一个人气场的内在含义，是一个人气场的主要力量。

还记得小时候我们大家都曾对美食、玩具的那种强烈的渴望吗？那就是一种巨大的精神力量，正是这种十分强烈的渴望，使人们受到了来自父母、亲人的高度关注。换句话说，这就是形式了一个强大的气场，让自己周围的人都能感受到自己的渴望和追求。每个人都有很具体很清晰的记忆，当自己的这种渴望越强烈，一个人得到自己想要的东西的可能性就会越大。换句话说，就是当一个人的气场越强大，这个人就越容易获得自己想要得到的东西。这样一来，自己的命运不就完全掌握在自己的手中了吗？

布鲁斯以前只是一个名不见经传的教学器械推销员，每天背着沉重的器械来回穿梭于各家学校和科研院所。他总是拖着沉重而又疲惫的身躯回到家里，面对养家糊口的压力，他已经是那么不堪重负。与此同时，他还要忍受妻子的抱怨、孩子的不理解，生活的压刀让他背上了沉重的包袱。

相信很多人都很容易理解这时的他是怎样的窘迫，每天都在推销着根本就卖不出去的医疗器械，忍受来自医院的羞辱、厂家的压力和家人的抱怨与不理解，他感觉不到生活的意义和乐趣，灰色的心情总是沉浸在忧郁的阴霾里。没有人能够感觉到他的存在，没有人彪看到他的努力：他的气场是灰色的，是非常弱的。

直到有一天，在背着沉重的器械回家的路上，他无意中看到一个身有残疾的街头艺人，那个人独自弹奏着吉他，唱着几年前的老歌，时不时地会有几个人往他的面前扔下几枚硬币，时不时地会有人驻足倾听。但布鲁斯注意到，尽管这个人身体残疾，尽管这个人都已到了靠卖艺为生的地步，但是他弹得是那么认真，唱得是那么投入，仿佛这个世界都已不存在，只有自己，只有自己在动情地弹奏歌唱。

这是什么？这就是气场！是一个人永远不向命运屈服的气场，是一个人勇敢地向命运挑战的气场。路过的每一个人都感受到演唱者的存在，都听到了他的弹奏和歌声：这就是一个强大的气场，一个天荒地老唯我独尊的气场！仿佛就在这一刻，就在这个地方，世界都是安静的，只有一个人在弹奏歌唱；仿佛就在这一刻，世人都放下了手中的工作，都来倾听他的演奏。

看到这里，布鲁斯心有所感，他默默地迈着那仿佛有所思考的步子，一步一步地思考着什么，没有什么能够打扰他。忽然，他抬起来习惯性低着的头，眼睛里放射出异样的饱含激情的光芒。他告诉自己，这样一个残疾人、一个只能靠卖艺为生的人，竟然都没有向命运屈服，都在以自己微薄的力量向命运抗争。再看看自己，自己有工作，有家庭，自己的一切都要比眼前这个人好上千倍万倍，而自己却总是在自怨自艾，抱怨命运的不公，自己为什么就不能鼓起勇气，向命运做奋力的一搏呢！

从那以后，布鲁斯就不断告诉自己："自己一定能行！"于是他每天面带微笑，和蔼真诚地对待每一个人，一有时间就读书学习，让自己学习更多的知识，不断地丰富自己的生活。没过多久，首先是他周围的人，进而是他所能接触到的人，都明显地感觉到他简直就像是换了一个人：乐于助人，待人和蔼可亲，说话幽默风趣，而且变得有知识有见识。于是人们也乐意与他聊天了，也乐意找他帮忙了。就在他一次无意间帮助了一个人后，由于他的热情，他们便攀谈起来。布鲁斯的热情和丰富的知识，让眼前这位著名的经纪人公司的主管对他十分感兴趣。没过几天，布鲁斯就收到了来自这家著名经纪人公司的邀请函，任命他为一个部门的主管。几年后，这个城市的富人榜中就多了布鲁斯这个名字。

就在布鲁斯看到那个卖艺的人时，他想到了什么？毫无疑问，是气场。他感受到了那个卖艺人的强大的气场，于是，布鲁斯才会变得那么有激情，那么充满活力。这样一来，他就在无形之中形成了一个强大的气场，于是让人们都清晰明确地感受到了他的存在和他的价值。又是什么让这个名不见经传的推销员摇身一变成为富人榜中的一员？还是气场！正是那个经纪人公司的主管感受到了布鲁斯的强大气场，才会给他这个常人难以企及的职位和机会，才成就了他的一世英名。

因此，纵观布鲁斯成功的事迹，很容易得出一个结论，那就是气场能决定一个人的命运。当你处在一个消沉萎靡或者说不强大的气场中时，没有人能够感觉到你的存在，也就没有人能感觉到你的价值；但当你形成了一个强大的气场时，周围的人就都能意识到你的存在和你的价值。这样一来，成功的机会便随之而来，你的人生也就会为之而改变。

也许你对一些杰出人物的成就羡慕不已，因为他们头上的光环毫无疑问已是万众瞩目。然而，你知道他们成长历程的辛酸和背后付出的汗水吗？他们并非天才抑或贵族，是什么力量让芸芸众生中的普通个人超凡脱俗，进而卓尔不群呢？答案就是不断地改变自己，提升自己积极、正面的魅力，让自己的气场日渐宏大，带给周围的人或事一种有益的吸引力和影响力，从而让自己的事业不断走向巅峰，打造出与众不同的传奇人生。

可见，气场是可以改变的。从现在开始，努力塑造一个积极健康、强大向上的自我气场吧。

思想和意识
决定气场

　　思想和意识看似奇妙高深，但却与思考密不可分，可以说，有思想的人一定都善于思考。只有善于思考才会有思想，有思想的人生才是有品位的富足人生。如果人生是一座高高的山峰，思考便是攀登山峰的有力工具；如果人生是一条弯弯的大河，思考便是自由远航的不竭动力。没有思想的事业一定谈不上任何意义，缺少思路的人生也一定不会是成功的人生。

　　如果缺乏正确的思想和意识，选择的思路不对，其结果往往是事倍功半、事与愿违。成功学上有一个著名的命题：人想改变命运首先应改变性格，要改变性格首先应改变习惯，要改变习惯首先应改变行为，要改变行为首先应改变思想，要改变思想首先应改变心态。这个命题富有深刻的道理。因此，一个人想要成功，就必须树立正确的心态，改变陈旧的思想，确立正确的发展思路，然后才能让行动初见成效，步步前行。由此可见，思想决定行动，行动源于思想，只有正确的思想才能在不断变化的社会形势中迸发出正确的对策，进而指导具体的行动。

　　思路是大脑高级思考的抽象形式，是缜密思维的结果，是在表象、概念的基础上经过分析、综合、判断、推理等认识活动而形成的结晶；行动则是按照既定的思路，为实现思路中的意图而进行的具体活动。因此，可以说思路是行动的先导，什么样的思路决定什么样的出路。每个人的人生也是这样，大可不必整天怨天尤人，把自己说得一无是处，以致浑浑噩噩无所作为。其实，这样的人只是没有正确地认识自己，一时陷入了困境而找不到出路。这个时候我们应该冷静下来，重新审视一下自我，思考自己在前行过程中的得失、长短，给自己找出一条新的出路。

加拿大少年琼尼·马汶在高中二年级时很苦恼，于是向一位心理学家求助："我读书一直很费劲、很用功，但就是没有一点进步。"

"问题就在这里，孩子。你一直用功，但进步不大，你若再学下去，恐怕也是浪费时间。"心理学家说。孩子很困惑："我若弃学爸妈一定会难过的，他们一直希望我有出息。"心理学家明白了孩子的顾虑，用手抚摸着孩子说："工程师不识简谱或画家背不出九九表并不足为奇，因为每个人都有自己的特长，你也不例外。有一天发现自己的特长时，你爸妈一定会为你骄傲的。"

于是，马汶弃学了，他开始替人修剪花草，整建园圃。不久，小伙子的手艺就得到了雇主们的一致好评，并弥他为"绿拇指"，因为凡经他修剪的花草都出奇得茂盛美丽。当他将市政府前一片杂乱不堪的垃圾场地变身为一个美丽的花园之时，全城市民都争相夸赞马汶的精湛手艺。25年后，马汶仍没学会法国话，更谈不上拉丁文与微积分，但他却成为一名知名的园艺家，以色彩和园艺而享誉全球。其实，刚开始马汶认为自己是很不幸的，因为他的辛勤努力并没有获得好成绩的回报。然而，在心理学家的鼓励下，他改变了不幸的想法，走出了原来的那条"死胡同"，并影响到了他的终身成就。在思想的指导下，他终于选择发挥自己的特长，最终成为一名知名的园艺家。

马汶的故事启示我们：一定要在思想的指导下稳步前行，千万不要一条路走到黑，每走完一段路都要静下心来认真总结，审视其中的利害得失，看看自己走过的这段路是否适合自己，到底还能爬多高、走多远。倘若发现自己确实不适合在这条路上走下去，就应该及时寻求改变，给自己重新定位，选择一条更适合自己的路。其实，人的一切行动都是其多次经历的积累、传统经验的积淀，是在大脑资料库归档后进行的优化选择，行动的结果直接表现为人生的命运。换句话说，人的最小差别是在脖子之上的一念之差，最大差别却是整个人生的成功与失败。

在现实生活中，任何一个有意义、有价值的构想和计划均来自思考，而且思考的周密、深入程度往往与回报成正比。我们可以看到，在我们周围凡是有成就的人都有勤于思考的好习惯，善于发现问题、解决问题，不会让问题成为人生前进的羁绊。其实，成功源于正确的思考习惯一直以来都是一个值得深思的话题。如果一个人终其一生没有什么成就，那么他一定无法摆脱失败的阴影。然而，获得成功的能力究竟源自何处呢？答案是：请你学会正确地思考，因为成功者都是善于思考的。一个不善于思考难题的人往往会遇到许多取舍不定的问题，不经意间就乱了自己的方寸。与此相反，正确思考之所以能产生巨大的能力，是因为它可以决定一个人在面临问题时应该采取什么样的行动。因此，思想有多远，我们就能走多远。

在我们周围，成功的机会无处不在、无时不有，但要抓住它则离不开敏锐的眼光和睿智的头脑。比如，美国新泽西州有一位理发师非常善于观察，他认为理发用的剪刀有待改进，于是便发明了理发推子，并因此发家致富了。又如，有位男子由于妻子长期卧病在床，他不得不帮助妻子洗衣服，但他认为传统的洗衣方法过于耗时耗力，于是发明了洗衣机，并赚了一大笔钱。再如，有一位先生受尽牙痛的折磨，于是千方百计思考治疗牙痛的方法，结果便发明了黄金塞牙法。我们试想一下：第一台轧棉机是在一个小木屋里制造出来的；美国第一艘汽船是由费奇在费城一座教学的工具室里组装起来的；第一台收割机是由考密克在小磨坊里研制出来的；第一个船坞模型是在一间阁楼内制作的……所以，成就大事业或有重大突破的人往往并不是财大气粗之辈，但他们都非常善于思考。

在佛罗伦萨街边的垃圾堆里躺着一块被人扔掉的克拉大理石，这块大理石是被一个不熟练的工人在切割过程中不小心损坏的。毫无疑问，这是一块品质优良的大理石，虽然被很多艺术家留意到了，但他们只是对这块被损坏的石头充满惋惜。幸运的是，米开朗基罗也注意到了这块石头。也许只有米开朗基罗能看到这块废弃的大理石的不菲价值，他用凿子和锤子创作出人类历史上最优秀的一件雕像——年轻的大卫。

伟大的自然哲学家法拉第年轻时曾写信给英国皇家学会的汉佛里·戴维，向其申请，希望能在那里谋个职位。戴维经过多方考虑，决定让他去刷瓶子，心想他要是能有什么出息，就会立即去干，要是不会有出息就会拒绝。然而，这位年轻人常常在工作中抽出时间在药房的顶楼内用IB坩埚和玻璃瓶做实验，而正是这样的机会和长期的积累使他终于成为伍尔维奇皇家学会教授。廷德尔谈起这位年轻人时说："他是人类历史上最伟大的实验哲学家。"也正是这样，法拉第成为那个时代的科学奇人。

当然，我们每个人不可能都像牛顿、爱迪生或法拉第那样有惊人的成就，也不可能像米开朗基罗或拉斐尔那样有流芳百世的杰作，但我们完全可以抓住平凡的机会并使之不平凡，进而使我们的人生变得更加成功富足。不过，生活中的一切都需要用脑子来思考，只有会思考的人生才是成功的人生。所有计划、目标抑或成就，都是不断思考的产物。一个人若没有正确的思考，就不会克服自己的弱点，也不会去总结原来的经验，当然也就避免不了再次的挫败。无论何时何地，善于正确思考者的脑里永远有一个大大的问号，他们会不断质疑企图影响正确思考的每一个人和每一件事，看清周围的环境，挑战自己。也正因如此，如果你是一位正确的思考者，你就能真正做你自己情绪甚至人生的主人。

审视自我，
检视自己的气场

智者苏格拉底说过："一个未经审视的人生，不算是真正的人生。"审视自我，就是客观认真地认识自己，不仅从身体上打量自己的仪表，还要从心理上觉察自己的心态。不只是表面地来检查一下自己，关键是从内心上来反省自己，从一个观察者的角度来看待审视自己。这是一种心灵上的自我发现、自我评价的过程，是人生中不可或缺的一个过程。"知人者智，自知者明"这一句至理名言告诫我们：一定要正确地认识自我。因此，我们做任何事情的前提条件就是要知己，客观深入地了解自己。所以说，正视自我是我们成长过程中一件不可缺少的重要事情。只有学会正视自己、审视自己，才能不断提升自我。

我们应努力地成为这样一种人，他有着无限的生命潜能，并且对世界充满了向往；他有着自己独特的认知，并且不为世俗道德所束缚，享受着一切人类最高贵的精神食粮。当然，对未来的幻想与向往来源于我们对过去的认真审视，即便我们不能成为尼采眼中人生绘画的主人公，但我们依然会努力地去拼搏、去奋斗，顽强不息地去工作、去学习。只有这样，我们才能成为这个机遇与挑战并存社会中的一名真正的有用之才。

未来充满美好与希望，但未来需要有智慧、有远见、有潜能、有毅力的人来创造。同样，他们还需要具有能够审视自我、客观评价自我的能力以及习惯。如果一个人审视自己的过去却并没有什么新的收获，那可以说这次审视并非发自于他的灵魂或内心深处。客观上，一个人在审视了自我之后理应有更多更新的收获，它们应当作为自己的一笔财富而被总结贮存起来。此外，审视过后随之而来的应该是全新的理想与目标……只有这样，人才能不断地超越自己，以致不被时代所淘汰。唯有这样，才能成为时代的弄潮儿，成为充满荆棘道路上的勇者。在复杂的现实社会中，"优胜劣汰，适者生存"的自然定律依然是有效的。

审视自我的价值在于它能为我们提供一个心灵与眼睛交流的窗口，不仅可以正确察知自己的心态，还能清醒地判断自己的实际能力，从而决定下一步的行为，做到行之有效、言之得体，收到事半功倍的效果。因此，自我审视是一种积极的自我超越，促使自己告别过去，不断修正弱项，提升强项，既避免了眼高手低，也使自己绝不错过表现良机，完全释放内在能量。能做到这样的人，气场一定是厚实质朴、收放自如的。

有这样一则小故事："有人要烧壶开水，等生好火发现柴不够，他该怎么办？"有的说赶快去找，有的说去借、去买，但是老师说："为什么不把壶里的水倒掉一些？"这个故事说明，有多大能力办多大的事，是将事情办成功的最关键环节。与其不切实际地妄想，不如退而求其次，依据自身实际，降低目标的高度。有时候只要退一步就成功了，很多人却拼命地向前挤。结果，退一步的人找到了前进之径，顽固向前挤的人脑袋受到重创！前者能够及时看清自我，有一只眼睛始终是看向自己的，后者是不见棺材不掉泪的"哥特骑兵"。

一个善于审视自我的人，就像可大可小的柔韧的容器，亦像可硬可柔的水的精神，总能为自己制定适宜的目标，将自身能量最大化释放，绝不会劳而无功，他们的生活一定是远离平庸和愚蠢的。如何审视自我？自我审视的过程即是对自身优劣强弱的全面检视。不又作技能的分析，还要作灵魂的检阅，告别虚弱、浅薄与自大无知的自我。在激烈的竞争中能够成就我们的只有自己，千万不要成天怨天尤人，哀叹时运不济，只有正视自己并付诸行动，才能看到胜利的曙光就在不远的前方。一句话，当你学会审视自我时，你就能看到问题的不同侧面，从各种角度理解自我。那么，展现在面前的将是一个条理分明、方向明确的世界。明确自身优势，明确自己的能力大小，给自己打打分，通过冷静理性的分析，深入了解自身，即你所拥有的能力与潜力所在。

善于发现自己的不足非常重要。如果一个人没有自知之明，或明知而无视，他的气场怎能不是虚弱和卑小的呢？亚里士多德说："对自己的了解不仅是最困难的事情，而且也是最残酷的事情。"检查自我并不容易，因为这需要敢于并善于审视自我，要求我们消除自卑、自满、自私、自弃以及愤怒等不良情绪，在自省中认识自我、超越自我，最终养成内在的强者品质。这个世界之所以遍地平庸，强者少之又少，原因就在于此。很少有人能够客观地看待自己，大智大勇自然就是一种稀有品质了。

生活不是平静的海洋，岁月也同样不是单调的旋律，人生当然更不是乏味的经历。因此，要想让生活不平庸，就要经常审视自我。没有审视，就难有发现。在痛苦中审视，我们会发现孤独的自己；在闲适中审视，我们会发现空虚的自己；在奋进中审视，我们会发现无知的自己；在安逸中审视，我们会发现沦落的自己……总之，为了更好地提升自我，时刻审视自我会对我们大有裨益。

审视自己，就是要把自己全方位展开，做一次灵魂上的检阅，然后痛快淋漓地向浅薄的自我、虚伪的自我乃至卑劣的自我告别。审视的过程是在寻找人性中的痼疾，而审视的结果则是要割去这些灵魂上的顽石。审视是一种积极的自我超越，就像照镜子一样，我们会深刻地体会到——没有审视的活着，实际上是对自我存在极不负责的纵容。然而，我们会提醒自己：在低沉的时候，不要用太过悲伤的眼光审视自己，这样容易使自己流于自卑；在昂扬的时候，也不要用太过乐观的眼光审视自己，这样容易使自己走向骄狂。因此，审视自己要有合适的尺度，否则就会走向极端——要么是处于目空一切的狂态，要么是陷入消极无能的冰点。

审视自我，合理的眼光应该是挑剔的甚至是怀疑的。毕竟，只有在这种接近否定的氛围里，事物才会是发展前进的。但这种挑剔不应是严酷的，更不应是残忍的。否则，即使去审视了，其结果也只会是一种打击、一种伤害。这样无疑是对审视的初衷的严重背离。横看成岭侧成峰，远近高低各不同。由于审视的角度和方式的改变，一个问题就会以不同的侧面展示给我们。所以，我们没理由因清贫而责备世道沧桑，也没理由在受到生活的重创后埋怨命运的波折。一句话，到头来能够拯救你的只有你自己。同样，学会了审视自己，也就懂得了审视周围。审视天地岁月，可收获一点哲思；审视世事人生，可增添一份睿智……

懂得审视自我的人，必定会很好地提升自我，迎来的当然是强大的气场、幸福的人生。

第二章

修炼自我，
提升气场

　　每个人都在探寻成功之路，但让千百万人取得成功的并非他们的外在条件，而是他们的自身力量——气场。气场改变了很多人的命运，成为很多政治圈、财经圈杰出人士的成功宝典。当今社会，气场已经成为全世界知名人士都在运用的成功秘诀——从世界首富比尔·盖茨到美国总统特朗普，从世界最著名的脱口秀主持人奥普拉到阿里巴巴集团创始人马云，从官方新闻到足球世界杯……全世界都在讨论它、评价它，但仍然只有微乎其微的人能拥有它。政客用它获取民众选票，商人用它促成合作，正如一句话所说的：人与人之间，只要气场近了，事就成了。

丰富知识，增进气场

伊本·穆加发曾说过："知识与生命，两者是不可分离的。正如两个知心朋友，其中一个离去，剩下的一个也痛不欲生。"每个人自来到人世间开始，就注定了要在人生的旅途中经历种种考验，人生也正是在知识的艰辛求索中得以升华发展。杰克·伦敦说："人真正的使命是生活，而不是单纯地活着。"高尔基也说过："为要好好地生活，就要好好地工作；为要站稳脚跟，就要掌握知识。"知识就是力量，知识改变人生，知识改变命运，学习成就未来。离开了万能的知识，何谈强大的气场，更不必说成功的人生了。

是什么原因让犹太人流浪数千年却依然生生不息呢？因为在犹太人眼中，知识才是真正的财富。他们有着宗教般虔诚的求知精神。犹太民族曾明确地把学习规定为一种义务："每个犹太人都必须钻研《羊皮卷》，甚至一个靠施舍度日、沿街乞讨的乞丐，或一个要养家糊口的人，也必须挤出一定时间来钻研。"在相当长的一个时期内，犹太民族虽然四处流浪，没有任何的权利，但他们却拥有珍贵的知识，也同样是知识给他们带来了丰厚的财富。美国华尔街的精英中近一半有犹太血统，包括30％的律师和50％以上的研发人员，犹太人还执掌着《纽约时报》《华盛顿时报》《新闻周刊》《华尔街日报》以及美国三大电视网ABC、CBS、NBC的重要职位。在美国前400名富豪中，犹太人占了近三成。知识给这个古老的民族带来了巨大的力量，改变、拯救并复兴了这个伟大的民族。无论是历史还是现实都告诉我们：只有不断地提高自己的水平，更新自己的知识结构，拓展自己的知识外延，才能在充满荆棘的现代社会中立足，知识是每个人走向成功必不可少的阶梯。

知识之所以重要，是因为它是每个人行动的指南。诸多成功人士常形容成功是"在恰当的时间，处在恰当的场合，做恰当的事"，正是所谓的"天时、地利、人和"。然而，生活中为什么只有少部分人能够出现在恰当的时间和场合，而相当一部分人不是错失良机，就是追悔莫及呢？根本原因在于，知识这双无形的翅膀一直在暗处默默地导航。一个人如果没有丰富的知识，大脑就会变得迟钝，犹如无本之木、无源之水，不久就会变为干涸松散的沙漠。人们唯有读书，学习方方面面的知识，才能丰富自己的内涵。书籍是永不凋零的玫瑰，是我们永远都探索不完的财富。

很多人说杨澜的人生其实很幸运，因为她在人生的每一个转折点上，每一次华丽的转身都是成功的。然而，却很少有人去思考她成功的真正原因。有人曾经问她："你觉得是什么改变了你的命运？"她脱口而出的答案是："知识，知识改变命运。"唯有知识才是她稳步前进的根本基础和不竭动力。为了满足对知识的不断渴求，她毅然放弃了央视《正大综艺》的优厚待遇，放弃了知名主持人的光环和荣誉。为了知识，她选择了读书，选择了学习，选择了追求。实践证明，她的选择是正确的。毕竟，根深才能叶茂，是知识给予她丰富的内涵和不断的成功。

学习，是与我们相伴一生的精神家园，这个美丽的"家园"直接影响着我们的价值观、人生观和世界观。世界上，早在联合国第16届大会就确定了"阅读社会"的概念，其宗旨在于倡导全社会人人读书，并一致认为"读书人口"在人口总量中的比例将成为综合国力的一项重要指标。就如同机器要有发动机一样，每种学习行动的后面都有一种动力。要想人生机器的动力越大，我们学习的动力就应该越强，学习的自觉性和积极性就越高。如果没有这个马达，学习也就无从谈起。现实生活中，我们学习的动力就是我们所处的严峻社会现实和肩负的历史责任。

知识就是力量，知识改变命运，知识是彻底改变人生的第一推动力。在当今知识经济的竞争时代中，谁拥有知识和才能，谁就把握住了打开自己命运的钥匙。相反，谁对知识一无所知，那么他的人生也可以说是一无所有。还是那句话，知识改变命运。拿破仑曾说："真正的征服，唯一不使人遗憾的征服，就是对无知的征服。"由此可见，知识在任何年代都是何等的重要。拿破仑的一生都在征服无知，获得知识的他振兴了法兰西，用他自身的人生轨迹诠释了他所说的至理名言。的确，征服无知就是获得知识，获得知识就能主宰命运。知识改变命运，知识成就人生。

20世纪上半叶，中华大地百废待举，一代伟人毛泽东用自己的智慧在历史长河中写下了光辉的篇章。可曾记得，青年时代的毛泽东在北大图书馆多少个挑灯苦读的夜晚，正是博览群书、海纳百川、汇集百家的知识营养深刻改变了他的价值观；也正是有了广博的知识、横溢的才华，才成就了新中国的缔造者，才有了近代中国集政治家、革命家、军事家于一身，并且在文学、书法、诗词等各方面都有很高造诣的时代伟人，毛泽东同志的智慧光芒也将永远闪耀在历史的长河之中。

当历史的车轮滚滚迈入21世纪之时，诸多有识之士奋笔疾呼："知识大爆炸的时代来临啦！"是的，知识经济时代早以迅雷不及掩耳之势降临到世界的每一个角落。当求伯君以三年时间创造的事业辉煌来叙说知识在中关村转折个人命运的时候，当丁磊以大陆首富来彰显知识创造财富的价值之时，当胡仙以女儿身用知识的力量带领"星岛"报业雄冠香港的那一刻……身为芸芸众生的我们还有什么理由不加入到疾呼知识的行列呢？

屠格涅夫说过："知识比任何东西都能给人以自由。"放眼古今中外，屹立于世间最璀璨、最明亮的那颗明珠必定是"知识"。而当今知识飞速更新，科技日新月异，人类的智慧早已延伸到社会生活的方方面面。知识改变命运，每个人的一切智慧都要靠知识来孕育，只有身上满载知识，我们的全身才会充满力量，人生也才会有施展的舞台。人生短暂，在这个知识创造价值的激烈竞争年代，拥有知识才华方能海阔凭鱼跃，天空任鸟飞。莫等闲，白了少年头，相信知识的力量，唯有知识才能让你攀登智慧的高峰，奔向成功的彼岸，走向人生的辉煌。

加强能力，成就气场

能力是每个人表现出来的解决问题的可能性的综合个性心理特征，是完成任务或达到目标的基本条件。现实生活中，世界上最难的事并不是挣钱，而是挣钱的能力，不是你有多少钱，而是你值多少钱。一个人能否在社会中生存与发展，不是看其拥有的财富，而是看其所具备的能力。钢铁大王卡耐基曾说："你可以把我的资金、厂房、设备全拿走，只要人不动，十年后我还是世界第一。"资金、技术和能力相比，哪个更重要？当然是能力。石油大亨洛克菲勒说："如果把我身上的衣服全部剥光，一个子儿都不剩，然后再把我扔到大沙漠里去，这时只要一支商队经过，那我又会成为亿万富翁。"财富和能力相比，孰重孰轻？依然是能力。

能力是无价的。人与人之间的差异，从根本上说是能力的差异，而能力的差异则主要源于思维方式的不同。罗曼·罗兰说："财富是靠不住的。今日的富翁，说不定就是明日的乞丐，唯有本身的学问、才干，才是真实的本钱。"那么，能力如何获得呢？毫无疑问，从学习和实践中获得。一个人要想获得成功，要想独具魅力，具备强大的气场，自始至终离不开时间和学习，而且是终身学习。

恩格斯说："无论从哪方面学习，都不如从自己所犯错误的后果中学习来得快。"的确，从失败的履历中能够汲取宝贵的经验教训，这比知识和技巧更管用、更深刻。更为重要的是，我们要学会给自己的大脑投资。给大脑投资的回报率是百分之一千、百分之一万，毫不夸张地说是一本万利。无论社会有多大风险，给大脑的投资总会是最安全的投资，因为任何投资都无法与这个投资相提并论。因为把钱转化融入到自己的脑袋里，是任何人都拿不走的。生活中，很多人在股市中一掷千金，却想不到花几十块钱去买本书。很多人被时代所淘汰，并非是因为年龄的增长，而是学习热忱的降低。不过，学习不是眉毛胡子一把抓，而是学以致用，各个击破。因为知识是死的，人却是活的，活人读死书，才能把书读活。

掌握知识靠学习，运用知识靠能力。一个人能否取得成功，其关键不在于你掌握了多少投资知识，而在于你在多大程度上正确地运用了相关知识。能力包括学习能力、领悟能力、适应能力、执行能力等。在所有的能力中，学习能力是核心。离开了学习能力，再多的经验也无法转化为智慧。一旦有了学习能力，纵使现在的经验不足，只要在不断的经历中就能总结出个人成败的原因。如此，就会逐渐形成一套自己的经验与智慧，成功自然就是指日可待了。

就学习的能力而言，定位大师杰克·特劳特在《营销战》中曾说："今天的市场营销的本质并非为顾客服务，而是在同竞争对手的对垒过程中，以智取胜，以巧取胜，以强取胜。"智、巧、强从何而来？笔者认为，它应该来自学习，来自日积月累，来自"厚积薄发"。在现实生活中，每个人应该"一日三省吾身"，必须具备"学"的能力。大的方面而言，我们可以学习国家的方针政策、法律法规；小的方面而言，我们应该了解工作环境、社会现实、职业生涯等。只有通过不断地学习，不断地积累经验，人生才能知己知彼，百战不殆，从而适应日益复杂的社会变化发展的需要，实现从蛹到蝶的蜕变。

谈到领悟的能力，有一则小故事：有一个推销员由于长期找不到顾客，自认为干不下去了，于是就向经理提出辞职。经理把他拉到窗口，问他看到了什么？他说："满大街上都是人啊。""除此之外呢？"经理问他。"还是人。"推销员回答。经理说："在这些人群中，你就看不到我们潜在的顾客吗？"推销员茅塞顿开，立刻收回了辞呈。在现实生活中，我们需要的正是这种领悟能力。孔子在《论语》中曾说："学而不思则罔，思而不学则殆。"其意在说明一个人不仅要会学，而且还要会思考和领悟。在现实生活中，每个人都要能把学到的东西举一反三，融会贯通，通过不断的领悟和提高，让自己的经验与理论日臻完善与成熟，从根本上升华自己，提高自己的人生境界。

俗话说：世间唯一不变的就是变。这句话正说明了辩证唯物论的观点。就营销界的历史而言，从20世纪60年代麦卡锡公司提出的营销4P（产品、价格、渠道、宣传）战略，到当今居于主导地位的营销4C（顾客、成本、便利、沟通）模式，无不彰显出"变"的特点。当然，时代和市场变了，每个人的思路就必须相应变化。那么，如何培养个人的应变能力呢？以不变应万变，万变不离其宗乃是根本。唯有如此，方能运筹于帷幄之间，决胜于千里之外。

向和尚推销梳子的故事想必大家都听说过，故事中的四个推销员通过四种不同的策划方式最后获得了四种完全不同的销售成果。从最少的推销了10多把，到最多的推销了几千把，并且还有订货，差距为何如此之大呢？创新能力使然而已。现在的社会形势千变万化，营销模式却相差无几。所以，作为营销员要想在不断变化的市场中立于不败之地，就必须具有不断创新的能力。每个人的生活也正是这个道理，只有通过创新，拉开与竞争对手的距离，突出自己的特点与个性，使自己能够脱颖而出，时刻走在生活的前沿。

现实生活中，上述几种能力相辅相成、相得益彰。任何人只有具备了这些能力，才能在复杂多变的社会中张弛有度、纵横捭阖，从而使自己少走弯路，时刻挺立在时代的潮头，成为时代的弄潮儿，不断走向成功的巅峰。现实社会中，一个人不仅需要具有良好的身体素质、心理素质、道德品质素养，还需要具备良好的能力素质。只有具备良好的能力素质，一个人才能够运筹帷幄，把握方向，从而使生活的各方面井井有条。而那些才能平庸的人，只能说是无能的好人，因为他们终日忙碌却不见成效，甚至陷入一片混乱。

超越自卑与自负

　　自卑是一种消极的自我评价或自我意识。一个自卑的人往往对自己的形象、能力和品质评价较低，不善于悦纳自己，总是拿自己的短处和别人的强项相比，觉得自己诸事不如他人，从而丧失自信，悲观失望，沉沦下去。与此相反，自负的人则是过高地估计自己，认为自己总是优于别人，经受不起失败的打击。

　　自负与自卑是一对孪生子，两者都是以自我为中心，唯我独尊。具有这种特征的人在热情高涨之时，往往意气用事，不撞南墙不回头。但若遭受挫折，瞬间变得万念俱灰，不知所措。当然，从自负走向自卑同样易如反掌，因为两者之间缺少必需的弹性、灵活性。自负者对自负的虚假目标追求十分刻板机械，从而影响到对挫折的错误归因与认识的片面性，易于走向极端。因此，当遭遇挫折之时，最容易产生对自我的憎恨，憎恨自己的无能为力，憎恨自己并非十全十美，由此强化了自卑感，陷入忧郁低沉的生活之中。总而言之，无论是自负还是自卑，都是过分关注自我的必然结果。

　　现实生活中，一个人能正确看待自己，正视自我的得失成败抑或喜怒哀乐，这些勇者方是生活的强者与智者。自卑者既不像自暴自弃者那样自甘堕落，也不像自强不息者那样勇往直前，而总是认为自己低人一等、技不如人。有自卑感的人如同阴影中的萌芽，他们骨子里向往成功、羡慕辉煌，行动上却又拒绝生长而无法舒展。他们往往轻视自己，太过在乎别人的眼光，种种顾虑锁住了前进的脚步，面对困难一筹莫展，从而陷入无限的矛盾与纠结之中。比自卑更可怕的是自负。自负感的产生往往源于已经获得的一些成绩，是自满情绪的进一步恶化。有自负感的人往往有一定的成绩当作资历，但他们却在成功面前不小心失去了自我，以为自己抵达成功人生的巅峰，盲目自大、唯我独尊而听不进去他人的劝谏，其结果往往是一意孤行，在人生道路上撞得头破血流却还不知醒悟悔改。有自负感的人往往经受不起失败的打击，一旦失败便走向自卑，心中顿时一片黑暗，丧失了信心与斗志。

由此看来，无论是自卑还是自负，其根本原因都在于没有正确认识自己，不能客观评价自己。众所周知，在人生的旅途中，心态决定行动，行动决定习惯，习惯决定性格，性格决定命运。自卑者或自负者要学会走出他们的误区，抛开自己的自卑感或自负感，在宽敞的自强大道上阔步前行。我们可以选择去找寻自卑与自负以外的另一种境界——自强。到底什么是自强呢？在生活中以自我为原点画出一条数轴，横轴的负半轴是自卑，正半轴是自负，原点则是自强，以原点沿纵轴向上攀登，你将拥有无尽的希望与激情，你将看见无限的美丽春色！古往今来，多少人为自卑或自负而深深苦恼，多少人为寻找克服自卑或自负的方法而苦苦寻觅。人生旅途中，我们每个人都应努力超越自卑与自负，走向自信与自强。

学会用补偿心理超越自卑。补偿心理是一种心理适应机制，个体在适应社会的过程中总有一些偏差，总会寻求得到补偿。从心理学的角度来看，这种补偿其实就是一种"移位"，即为克服自己生理上的缺陷或心理上的自卑，而发展自己其他方面的长处、优势，赶上或超过他人的一种心理适应机制。换句话说，就是我们要学会客观正确地认识自己，扬长避短，悦纳自己。正是这一心理机制的激励作用，自卑感反而成了许多成功人士的前进动力，成了他们超越自我的"涡轮增压"，而"生理缺陷"越大的人，他们的自卑感也越强，寻求补偿的愿望也越大，动机就越强烈，成就大业的资本就会越多。倘若我们能将自身生活中所面对的压力转化为无穷的动力，人生的奋斗历程必定会别样精彩、硕果累累。中国古代伟大的史学家和文学家司马迁受到了"腐刑"之后更加发奋著书的故事，也给我们以启示。

贝多芬一生极为坎坷，没有建立家庭，26岁就失聪了，只能通过谈话与人交谈。但孤寂的生活并没有使他沉默消极，在一切进步思想都遭到禁止的封建复辟年代里，依然坚守"自由、平等、博爱"的政治信念，并通过言论和作品为共和理想而助威呐喊。他写下的不朽名作《第九交响曲》，给予无数后人以前进动力。

从这则故事中我们可以知道，在补偿心理的作用下，自卑感具有使人前进的反弹力。由于自卑，人们会清楚甚至过分地意识到自己的不足，这就促使其努力学习别人的长处，弥补自己的不足，从而使自身性格受到磨砺，为走向成功的人生奠定坚实的基础，正如俗话所说"吃得苦中苦，方为人上人"，坚定的信念与不懈的行动必定能克服一切困难，铸就辉煌人生。

自卑能促使人走向成功。人道主义者威特·波库指出，在每个人的内心深处都有一种灵性，凭借这一灵性，人们得以完成许多自己意想不到的事情。这种灵性是潜在于每个人内心深处的一股力量，即维持个性、对抗外来侵犯的力量，它就是人的"尊严"和"人格"。人们为了维护自己的尊严和人格，就要求自己克服自卑，战胜自我。因此，令人困窘的种种因素往往可以成为发展自己的跳板。一个人的真正价值，取决于能否从自我设置的陷阱里超越出来，而真正能够解救我们的，只有我们自己，即所谓"机遇只偏爱有准备的头脑"，"上帝只帮助那些能够自救的人"。

在提醒自己远离自卑的同时，千万不要让自负蔓延。人们把本身想得太伟大时，正足以显示本身的渺小。自负并不是自尊或自信，而是过度的自我意识造成的，这是自卑的一种常变相。过度的自我意识会造成幻像，从这种错误的心理出发，表现出自以为是、刚愎自用的傲慢态度。

有这样一个寓言故事：有一只狼在山坡上散步，当时正值落日斜照，它看见自己的影子变得又长又大，于是自言自语道："我长得如此壮硕，身长百尺，难道还要害怕老虎吗？我不该被公认为百兽之王吗？"正当它顾影自怜、想入非非之际，一只老虎猛扑上来，一口就把它咬死了。狼死前后悔地哀嚎："过高地估计自己，是我送命的祸根。"

在人生漫长且充满荆棘的道路上，有时我们应该庆幸处于逆境中，用乐观的心态面对因自卑或自负带来的暂时失败。我们每个人都是独一无二的个体，过度地把自己与别人相比是毫无意义的，因为你根本不知道别人在生活中的目标与动力以及别人的独一无二的能力。别人有别人的才干，我们同样可以有自己的个性优点。我们有时过度关注别人的看法而忘却了改变自己的能力，无意中压抑了自己的潜能。20世纪初，美国著名心理学家詹姆斯指出：一个普通人只运用了其能力的10%，还有90%的潜能尚未被利用。后来，风靡一时的心理学研究发现：每个人只用了他能力的6%，还有94%的潜能未被利用。所以说，我们要唤醒沉睡中的自己并付者行动，用积极乐观、宽容的心态走出自卑或自负的阴影，做独特、真实、自信、自强的自我。

提升意志力，气场制胜

高尔基曾经说过："最伟大的胜利是战胜自己，人生中最大的敌人不是别人，而是我们自己。一个成功的人，不仅战胜了他人，而且还战胜了自己。"何谓制胜气场？即自己能够有力地驾驭一切外在因素，让内心在生活的磨砺中真正强大起来，不断塑造强有力的个人气场，从而征服一切困难，拥抱多彩的辉煌人生。

在这个世界上，艰难险阻无处不在、无时不有，我们只有通过自己的努力才能攻克它们，依靠自己的力量来改变现实的困境。我们需要的是一种挑战自我的勇气，在奋斗中做最好的自己，化一切消极因素为积极因素，在复杂多变的环境中制胜气场、制胜人生。

毕竟，成功离不开良好的心态和坚韧的意志力。天下没有免费的午餐，通过意志力的训练，我们可以使自己成为不平凡的，可以控制内在气场、提升信念最终实现自我幸福的人。以下是一则极具启发意义的小故事：

很久以前，一位聪明的老国王召集了他所有贤明的大臣，分配给他们一个任务：编写一本《各时代的智慧录》，使之流传后代。于是，通过长时间的工作，大臣们完成了一本12卷的巨作。老国王看后说："大家的确完成了各时代智慧的结晶，不过太厚了，浓缩一下吧。"又经过长期的工作，几经删减后浓缩成了一卷书，老国王认为还是很长，命令他们继续浓缩。大臣把其浓缩为一章，然后一页，然后一段，最后则浓缩为一句话。老国王看到这句话感到很满意。大家能猜出浓缩各时代智慧结晶的那句话吗？那就是："天下没有免费的午餐。"

在人类历史上，每个人都有默默潜伏于身体之内的意志力。意志力是每个人的最高领袖，当它爆发时，我们无往而不胜；但当它沉默时，我们则一事无成。意志对每一个人都有着无可估量的价值。美国新思想运动的代表人物弗兰克·哈多克在他的经典之作《意志力决定成败》中为我们总结了意志力薄弱的体现，呼吁人们根据道德的习惯，拔除有害的习惯杂草。他说："如果不能战胜并去除这些弱点，我们就不能随时坚定意志，来做一些让我们的人生具备高尚价值的事情。"在此书中，他认为这些意志的弱点有：夸张，语言粗俗与脏话，骄傲自大，暴躁与怒气，邪恶的想象，酗酒，放任自己成为烟鬼，犹豫不决，心不在焉，固执己见，没有立场的信仰迷失，自甘堕落……当一个人沾染了这些陋习，他的气场之糟糕可想而知。因此，通过意志力的提升，我们不仅能够提升气场，还可以获得人生的无尽财富，拥有生活的各种幸福。

弗兰克1853年11月出生于纽约沃特镇，他的父母均为卫理公会教派牧师。1876年，弗兰克从圣劳伦斯大学毕业后也接受了牧师训练，但后来改从法律行业，1881年成为一名律师。后来，他移居威斯康汀，成立了自己的律师事务所。由于父亲在爱荷华州的一个城市被暗杀，弗兰克又回到教堂，正式成为一名牧师。退休之后，他从牧师变成了一位写作者和演讲者，不停地传播新思想，成为一名很有影响力的讲师，一位成功的励志畅销书作家。他说："意志力是身体的统帅，人的躯体则是意志力的奴仆。你要知道，意志力是可以训练和提高的，通过有效的提升，坚强的意志可以成为你的人生习惯，使你的人生到处充满奇迹。"

弗兰克最常用的一个词便是"自我引导"，他认为意志就是一门独特的不经外力自我引导的艺术。他在演讲中说："人不仅需要道德观，也需要意志力，这是人控制自己的两大法宝。我们需要坚持去做某件事和坚持不去做某件事，要能控制这种选择，帮助潜意识和灵魂的成长，从而让自己成为一个优秀的具备高尚灵魂的人！非如此不能获得成功，特别是对于那些杰出的商业人物来说！"气场与你的意志力有关，就像一个人需要灵魂，我们的宇宙也需要最核心的动力，否则扩张就会停滞，这是很重要的命题。每个人都需要终生保持强大的意志力，无论做任何事，始终都要督促自己谨慎而坚持。这一课程将贯穿每个人的一生，需要每个人终身去学习，一刻也不能懈怠。

在意志力训练的人生旅途中，拥有一个可以达到的梦想对我们来说是至关重要的。正确的目标能让你在可见的将来收获计划实现的成就感，坚持的精神能让你在合适的位置做最需要的事。因为意志力就是一个人作出选择的能力，我要完成某个目标，就要确定向着它前进的策略，并鼓起勇气。这个目标必须有足够的可能性，可在我的能力范围之内完成，否则没有人愿意爬到天上摘星星，跳到河里捞月亮。当然，这比堕落的成本要大，但惰性让你望不到终点，看不到成功的希望。

罗素·康维尔博士说："古往今来，对于成功秘诀的谈论实在是太多了。但其实成功并没有什么秘诀。成功的声音一直在芸芸众生的耳边萦绕，只是没有人理会它罢了。而它反复述说的就是一个词——意志力。任何一个人，只要听见了它的声音并且用心去体会，就会获得足够的能量去攀越生命的巅峰。"

一个人的意志力代表着他生活或做事的方式，意志引导着自己，也指挥着身体的其他部分。意志力首先是指面对某一个决心要完成的工作时表现出来的精神力量。一个人拥有强大的意志力，意味着他通过意志力本身、通过自己的身体或通过其他的事物，能够利用巨大的内在能量来实现自己的目标。这就是爱默生所说的，意志力是"鼓舞士气、振奋人心的冲劲"。

从这个层面上来讲，人的意志力可以比作充电电池，其放电能量的大小取决于它的容量和它的疏导系统。它可以积聚很多的能量，在恰当的操作下可以释放出强劲的电流。在某个事件或者某种特殊情况的刺激下，一个人可能会表现出巨大的意志力，而由这种意志力又引发了超常的能量。所以，意志力可以被看作一种积累起来的能力，一种在量上能够增加、在质上能够提高的能量。

生活中，我们总有一些一直想干，但就是没有坚持的事情。学外语、做运动、写书、减肥、学电脑……我们不得不承认，大部分的人都不具备坚强的意志力。然而，意志力却是成功的重要砝码。我们之所以没有能力坚持，就是因为我们的大脑从一开始就对做这样的事情表示了抗拒。长年累月去做一件同样的事情，我们的大脑一想到这样，第一个反应就是赶紧逃避。"苟有恒，何必三更眠五更起；最无益，莫过一日曝十寒。"贵在坚持，但又有几个人能将生活中的一些不可或缺的琐事坚持到底呢？

回想一下，你一直想做且应该做的事情，但却迟迟不愿意动手，或者一再找借口逃避。无论是减肥、做运动、阅读一本书，还是学习一项新的技能……从现在开始，重新制定一个目标，每天坚持一分钟。体会一下，自己的内心感受有何不同。心理学家弗洛伊德说过：人总是为了追求快乐，逃避痛苦。当你的大脑听到任务是坚持一分钟的时候，它会感受到，这是一件非常容易达成的事情，毕竟，一分钟的时间一眨眼就过去了。预测到的痛苦减少，就让我们产生更大的驱动力去采取行动。当你采取了行动，你的大脑又会对自己产生非常积极正面的肯定，而这种自我肯定不断发生，就可以深入我们的潜意识。相信自己是一个有行动力、有意志力的人。因此，改变自己从一分钟开始。你始终要相信，意志蕴含着无穷的能量，坚持则是一种无尽的力量。

提升亲和力，为你的人气加分

　　亲和力是指使人亲近、愿意接触的力量。我们可以想一想，一个没有亲和力的人又怎能具备良好的气场，从而去影响自己及他人呢？其实，亲和力最早是属于化学领域的一个概念，是特指一种原子与另一种原子之间的关联特性，但现在越来越多地被用于人际关系领域。俗话说："力在则聚，力亡则散。"有亲和力的双方就是有共同力量表示的双方，这种友好表示使得双方能够在一起合作，有一种合作的意识和趋向意识以及共同作用的力量。亲和力源于人与人之间的认同和尊重。其实，亲和力在很多时候所表达的不是人与人之间在物理距离上的远近，而是心灵上的通达与投合，是一种基于平等待人的相互利益转换的基础。真实的亲和力是以善良的情怀和博爱的心胸为依托，是一种发自内心的特殊秉赋和素养。

　　亲和力是人与人之间信息沟通、情感交流的一种综合能力。具有亲和力的人每天都会用自信、乐观、向上的心情去面对每一个人，对每一个人也都不觉得陌生，会视他们为熟人、朋友、老乡或是亲人，这将获得别人更多的信任感。在激烈竞争的现代社会，亲和力更能够方便与陌生人之间的沟通和交流。人都是有感情的，感情的沟通和交流能够让我们与陌生人之间建立一座信任的桥梁，信任的建立则会有效地消除人与人之间交流的难度，从而有助于深入交流与了解。

　　从本质上，与其说亲和力是继承了某种先天性的东西，倒不如说是自身的一种综合气质。亲和力要求你必须具有良好的文化素养、优雅的谈吐和大方的举止等。从很大程度上来讲，亲和力是一种可以通过后天的努力来获得的重要能力。因此，在日常工作中，我们要有意识地培养自己的亲和力。当然，要培养亲和力，首先得装扮大方，显示清新淡雅的气质，给人以美好的舒适感。其次是学会微笑，努力使笑容真实自然；有意识地放慢说话速度，以让自己的表达清晰有逻辑，但也得注意千万不要慢条斯理，以免让人觉得没有激情。另外，平常注意多培养自己的兴趣爱好，不断培养自己的信心，多把握机会与人沟通。同时，闲暇之余多听一些舒缓轻松的音乐，看一些令人愉悦的杂志书籍，使自己始终保持一种自然平和的心态。

当然，人贵有自知之明，一个人只有深入地了解自我，才能有了解他人的基础。因此，学会深刻地认识自己是真正具备良好的人际亲和力的基础。在成长的过程中，每个人都会经历一些曲折和创伤，可能会在童年时代感觉到自卑、自傲、自我……这些问题的存在，都会对成年之后良好人际亲和能力的培养有所影响。因此，深刻地认识自己、了解自己，不让童年时代的阴影影响现在的人际交往，是以自我反省为起始点的。

在此基础上，不断地进行人际交流实践，加强自我在实践中的体验和感受。在深入了解自己的基础上，进行人际交流的实践是加强人际亲和能力的重要步骤。在人际交流实践中，别人作为一面镜子可以折射出自己的某个方面，从别人的身上可以看到自己心灵中看不到的侧面。其中，又可以不断强化自己的实战能力，随时修正自己的行为。

在培养亲和力的过程中，我们要防止烦躁情绪的干扰和破坏。在激烈的现代社会竞争中，人们常常处在高压之下，焦虑情绪随之而生，许多内在的情感需求得不到满足，就会不断地从潜意识中浮现出来，从而变得烦躁不安，无意间会因为一点儿鸡毛蒜皮的小事而生气，渐渐地在无形中便会给自己的人际关系增添许多麻烦，人际亲和力就会下降。因此，劳逸结合，工作和生活兼顾，紧张和松弛并存是非常重要的。有了一份好心情，才能有良好的人际亲和力。

俗话说："种瓜得瓜，种豆得豆。"生活中，你处处尊重别人，得到的回报就是别人处处尊重你，尊重别人其实就是尊重自己，这也是培养亲和力的一个重要环节。有这样一个有趣的故事：一个小孩不懂得见到大人要主动问好、对同伴要友好团结，也就是缺少礼貌意识。聪明的妈妈为了纠正他这个缺点，把他领到一个山谷中，对着周围的群山喊："你好，你好。"山谷回应："你好，你好。"妈妈又领着小孩喊："我爱你，我爱你。"山谷也喊道："我爱你，我爱你。"小孩惊奇地问妈妈这是为什么。

妈妈告诉他："朝天空吐唾沫的人，唾沫也会落在他的脸上；尊敬别人的人，别人也会尊敬他。所以，不管是时常见面，还是远隔千里，都要处处尊敬别人。"

人是需要关怀和帮助的，我们特别要珍惜在自己困境中得到的关怀和帮助，视帮助者为真正的朋友、知己。马克思在创立政治经济学时，正是他在经济上最贫困的时候，恩格斯经常慷慨解囊，帮助他摆脱经济上的困境，马克思对此也十分感激。当《资本论》出版后，马克思写了一封信表示他的衷心谢意："这件事之所以成为可能，我只有归功于你！没有你对我的牺牲精神，我绝对不能完成那三卷的巨著。"于是，两人友好相处，患难与共长达40年之久。列宁曾盛赞这两位革命导师的友谊"超过了一切古老的传说中最动人的友谊故事"。

当然，帮助别人不一定是物质上的帮助，简单的举手之劳或亲切的关怀问候，就能让别人产生久久的激动。倘若你能做到帮助曾经伤害过自己的人，不但能显示出你的博大胸怀，而且还有助于"化敌为友"，提升自己的亲和力，为自己营造一个更为宽松的人际环境。所以，常存一份感激之心，就会使人际关系更加和谐。情感的纽带因为有了感激，才会更加坚韧；友谊之树必须靠感激来滋养，才会枝繁叶茂；人生旅途需要亲和力的缓冲，才能游刃有余。

第三章

挖掘潜质，
培养强大的气场

　　现代社会生活中，要想获得人气，打造人脉，走向成功，你得从改变自己的气场开始。从改变自己开始，改变人与人之间的氛围或情绪，进而提升人气，获得人脉。首先打开改变自己的气场开关，营造强有力的优势气场；同时打开同事间的人气开关，营造良性互动的气场氛围；进而打开团体的气场开关，争做气场之王、职业精英。因此，人与人之间，只要气场近了，事就成了。拿捏住自己的气场开关，机会就掌握在你的手中。

　　在现实社会中，我们每个人都有着不同的分工，占着不同的位置，做着不同的事情，扮演着形形色色、迥然不同的角色，有着所谓的大小人物之分。其实，我们每个人注定是自己这部人生戏剧的主角，站在各自的舞台上，以各自不同的方式，演绎着自己与众不同的故事。你有你的天地，我有我的世界，我们以各自独特的优秀，展示各自卓然不同的风采。就像没有一片叶子是相同的，我们每个人诵读的人生台词各不相同，但这并不妨碍我们拥有一致的身份——我们都是社会生活中的主角。

分享的价值
与赞美的力量

　　快乐的人生必定会有快乐的生活，快乐的生活常常依赖于健康强大的气场，而一个人良好气场的修炼则离不开分享与赞美的妙用。生活中，两个人分享一份快乐，快乐就会加倍；两个人分担一份痛苦，痛苦就会减半。人是社会性的群居动物，每一个人天生就需要分享快乐、分担忧愁。我们的生活需要伴侣，需要有人分享人生的酸甜苦辣。没有人分享的人生是失败的人生，无论面对的是快乐还是痛苦，都是一种无法逃避的惩罚。激烈竞争的职场生活更是一样，需要与人分享，这不仅仅是现代交际的必备能力，更是协调合作的黄金宝典。

　　新东方集团总裁俞敏洪曾说："当你有六个苹果时，千万不要把它们都吃掉，因为你全都吃掉就只吃到了一种味道。若你拿出五个给别人吃，尽管在表面上你失去了五个苹果，实际上你得到的更多。当别人有其他水果的时候，也一定会和你分享，最后你可能就得到了六种不同的水果、六种不同的味道、六个人的友谊和好感。一定要学会用你拥有的东西换取对你来说更加重要和丰富的东西，在人与人之间学会交换和分享。"会分享的人才会有更多的快乐，才会更容易走向成功。

　　分享是快乐的，更是一种美德。当我们把自己的东西拿来与他人分享时，我们的胸襟会变得更博大宽广，我们的生活也更加丰富多彩。无论人生多么富有丰盛，都比不上珍贵的浓浓温情，而分享的价值则在于让温情一路延伸。一个人无论看到多么美妙的奇观，倘若他没有机会向别人倾诉，他就一定不会感到快乐。一份无人分享的快乐根本谈不上是真正的快乐，而一份无人分担的痛苦则是加倍的痛苦。如果自己的快乐永远没有人知道，这样的快乐就与痛苦并无两样。现实可以残酷，生活可以艰辛，但心底的酸甜苦辣一定要有人与你一同分享。我们的生活无论多累多难，只有这样才会有滋有味。

在拜金主义、物欲横流的现代社会，很多人总认为财富是有一定限度的，如果别人有了，那么自己就减少或没有了。其实，这是一种享受财富的思想，而不是一种创造财富的哲学。我们辛勤劳动创造财富，当然是为了分享劳动成果。但我们的注意力往往不应该在这里，我们更应该专注于财富的创造。同样大的一块蛋糕，分的人越多，每个人分到手的自然就越少。如果我们换个思维，我们现在是在联手制作蛋糕，只要蛋糕能不断地做大，我们所拥有的财富就会不断地增多。因为我们知道，蛋糕始终是在不断做大，即使眼下少一块，随后随时可以再加倍弥补过来。况且只要联合起来把蛋糕做大了，能否分到蛋糕根本不用发愁，这样不是更好吗？

美国遭遇经济危机重创的时候，小哈里斯是美国一家手工作坊的老板。作为不幸者之一，这场经济危机使他全面陷入了困境，产品没有市场，资金链断裂，作坊徘徊在破产的边缘。哈里斯经过慎重思考，决定采用朋友裁员的建议，以减轻企业负担。然而，这个消息传到了他的父亲——将要退休的老哈里斯那里。老哈里斯第二天匆忙来到办公室，勒令他收回成命。由于小哈里斯不服，老哈里斯便现场解除了他的职务。午饭期间，老哈里斯走进了工人餐厅，看见大家碗里都是白水煮的青菜和几片豆腐，随即从街上的小餐馆买回两碗红烧肉端进餐厅，哽咽着说："兄弟姐妹们，你们受苦了。我刚刚已经解除了乔治的职务。虽然我们现在处于极度困难时期，但是我不会因此而放弃你们任何一个人。从现在起，以后每天中午我都和你们一起吃饭。尽管现在我们没有能力给你们带来富裕的生活，但只要我有米吃，就绝对不只给你们粥喝，以后中餐都会有红烧肉的。"工人们顿时欢呼起来，备受感动。在那时候，两碗红烧肉的价钱，其实可以供老哈里斯夫妇一周的基本生活。即使如此，老哈里斯还是从自己碗里分给工人们一杯羹，大家又怎会不感激呢？正是这几美元的红烧肉，工人们始终心存感激，把作坊当作自己的家，拼命干活，努力降低成本，竟然使这个手工作坊奇迹般地走出了困境并得以发展壮大，最终成为一家全美著名的电器公司。老哈里斯虽然只是分了一杯羹给工人，收获的却是工人来自心底的感恩和回报。

生活中，如果你愿意担当那个分享人家快乐或是分担别人痛苦的人，你也一定会是一个很幸福的人，因为周围很多人会深深感激你的，这是人世间最珍贵的回报。其实，当我们彼此把酸甜苦辣拿出来分享的时候，我们得到的不仅仅是快乐和幸福，我们和周围的人会渐渐变得更加紧密，从而在心灵深处获得归宿感和幸福感。没有人分享的人生，无论面对的是什么，都会是一种难以言喻的痛苦。其实，不但快乐需要与人分享，激动、感动、痛苦、失望无一不需要与人分享。

著名作家雨果曾说过："世界上最宽阔的东西是海洋，比海洋更宽阔的是天空，比天空更宽阔的是人的心灵。"现实社会中，除了有乐于分享的精神外，我们也应该懂得赞美的力量。无论何时何地，我们都应该摒弃自高自大、自满自负的错误心态，毫不吝啬地对别人的才智、德操、品行送上一句由衷的赞美。因为赞美不仅是人际交往的需要，更是一种难能可贵的美德。很多时候，赞美并不一定用那些激情洋溢的豪言壮语。一缕赞许的目光，一个夸奖的手势，一个鼓励的微笑，都能收到意想不到的效果，给别人带来无穷的力量。

俗话说：好孩子都是夸出来的，而不是打出来的。一个经常赞扬子女的母亲不仅可以营造出一个幸福温馨的家庭，而且可以培养出乖巧伶俐的孩子。一个经常赞扬学生的老师，不仅可以让学生生活在积极向上的快乐氛围中，还可以培养出一个有强大凝聚力的班集体。一个经常赞扬下属的领导者，不仅可以使下属产生亲近感和归宿感，还可以营造和谐的人际氛围，增加团队的凝聚力和向心力……这就是赞美的可贵力量。赠人玫瑰，手留余香，何乐而不为呢？

1852年的一天，早已享誉海内外的作家屠格涅夫在打猎时，不经意间捡到一本破旧不堪的《现代人》杂志，他带着几分好奇随手翻了几页。然而，一篇题为《童年》的小说竟深深打动了他的心灵。其实，作者只是个初出茅庐的无名小辈而已，但屠格涅夫却对其产生了强烈的好感。于是，他四处搜寻作者的信息，得知作者遭遇极为坎坷，两岁丧母，七岁失父，是姑母将他养大成人。正因为这样，屠格涅夫给予了他极大的关注和同情。他把自己读《童年》的真切感受生动详细地告知了作者的姑母，并在多次讲学、会客等重要场合对作者大加赞赏。这样，小说《童年》引起了诸多人士的强烈关注，在当时产生了轰动影响。

姑母很快就把这个重大的喜讯写信告诉侄儿："你的小说《童年》在瓦列里扬引起了很大轰动，大名鼎鼎的作家屠格涅夫逢人就称赞你。他还说这位青年如果坚持写下去，他的前途一定不可限量！"收到姑母的信后，作者欣喜若狂，激动万分。其实，作者本是因为生活的坎坷而信笔涂鸦打发心中的苦闷，根本没有当作家的信念。然而，著名作家屠格涅夫的欣赏赞美，却在一刹那点燃了他心中的希望与奋斗的激情，树立了坚定的信念，并全身心地投入到了创作中，最终他成为享誉全球的著名作家、思想家、艺术家。他就是《战争与和平》《安娜·卡列尼娜》《复活》等世界名著的作者——列夫·托尔斯泰。

古今中外，因一言赞美而改变别人一生历程的例子数不胜数。当然，被别人赞美并不那么容易，你必须拥有被人赞美的亮点。赞美别人同样并非易事，你必须具备识人的慧眼与容人的气度。然而，赞美本身作为一种美德是不容忽视的。因此，唐代诗人杨敬之写了一首诗《赠项斯》，高度赞美当时的有识之士项斯的人品："几度见诗诗总好，及观标格过于诗。平生不解藏人善，到处逢人说项斯。"正是因为诗人杨敬之虚怀若谷，善于发掘人才，不吝赞美，他自己才得以凭借这首诗名垂史册、流传千古。遗憾的是，在物欲横流、拜金主义盛行的今天，懂得赞美别人的人似乎越来越少了，而孤芳自赏、自吹自擂的倒是大有人在。总是有部分人对别人的长处视而不见，甚至诋毁别人的良好品德。我们可是拥有上下五千年辉煌历史的文明古国、礼仪之邦，由衷地赞美别人在什么时候都应该是一种社会的基本美德，尤其是在价值迷失的当代社会。

赞美别人，可以使我们的心灵在欣赏与赞美中得到净化。赞美别人，可以使我们的内心满溢着爱，从而建立健康和谐的人际关系。赞美别人，是发自内心的欣赏与感动，是友善、是鼓励、是宽容，蕴含着尊重、理解和支持。要赞美别人，就必须克服那种狭隘的心态和阴暗的心理，一个始终想着一己得失的人，一个总用戒备和提防的心理去对待别人的人，怎么可能欣赏别人呢？就更谈不上由衷地赞美别人了。

当然，赞美绝不是无中生有、瞎拍马屁，而是要发自内心，辅之以一定的技巧。赞美时，你要努力抓住对方的亮点。当你想走近某个人的时候，你的赞美更多时候应该从对方的人品开始，引起对方的共鸣，并让其感受到你的诚意，否则对你无任何帮助甚至产生反感。因此，赞美一定要抓住关键，选择对方的闪光点。当然，一定不要泛泛而谈，内容最好明确具体，这样才会使对方有被重视的感觉。华而不实的赞美往往就像挥出的软弱无力的拳头，没有任何力道可言。而具体的事情则能够体现出赞美者的细致入微，这样的赞美会更有力度。赞美还要选择时机。先用言语作一个铺垫，等待对方给你说出赞美的机会，或者由你创造一个可供赞美的话题。

生活中，其实每个人都喜欢听赞美的话，谁不希望别人心中都是记着自己的好呢？赞美对方是一个循环往复增加快乐的机会，赞美别人越多快乐就越多，收获的赞美同样也越多。既然这样，努力使赞美融入自己的言谈习惯岂不是大有可为？赞美能够把快乐带给别人，把愉悦留给自己。赞美还能营造良好的社交氛围，拉近彼此保留的距离。赞美还能够敲开对方紧锁的心扉，把美丽心灵的窗户留给自己。其实赞美并不难，只要你有一颗开阔豁达的诚实心灵，有一双乐于发现别人优点的眼睛，发挥赞美的元素就足够了。你要相信，赞美的力量是无穷的，回报是丰厚的。

现实生活中，每个人都是主角，都能演绎好自己的幸福生活。遗憾的是，很多人缺乏主角意识，渐渐把自己给边缘化了。其实，主角需要的仅仅是一种感觉，并非是要人人面前都显得至高无上、一呼百应，更不是所谓的自我中心主义。简单说来，主角就是在某个特定的空间和环境中，让别人觉得你是很重要的、不可或缺的。也正因如此，你才具备足够的气魄与自信。

有一次，一个士兵骑马给拿破仑送信，由于战马一路飞奔，在到达目的地时猛跌一跤，结束了性命。拿破仑接到信后，立刻写了封回信交给那个士兵，并命令士兵骑着自己的马火速把回信送去。然而，那个士兵看到那匹装饰得华丽无比的强悍的骏马，便对拿破仑说："不，将军。我只是一个普通的士兵，实在不配骑这匹强壮的战马。"拿破仑却说道："世上没有一样东西是法兰西士兵所不配享有的。"其实，生活中很多人就像这个法国士兵一样，总以为自己的地位卑微。别人的种种幸福似乎早已远离他们，他们的荣誉不能与那些所谓的大人物相提并论。正是这种自卑的想法，成了他们奋勇向前、力争上游的绊脚石。

罗纳德·里根是美国第40任总统，他正是一个充满自信的人。其实在成为美国总统之前，他仅仅是一个很平凡的演员而已。然而，他立志要当总统，并坚信自己一定能够成为总统。从22岁到54岁期间，里根一直从事文艺行业，对于从政几乎没有概念，更谈不上什么经验了。所幸的是，当机会降临之时，共和党内的保守派和一些富豪们大力支持他竞选加州州长，此时里根果断放弃了依赖大半辈子的演艺事业，勇敢地投入到从政生涯中。结果自然是皆大欢喜，里根成了美国第40任总统。

主角意识是怎么炼成的呢？如何成为不同场合的中心人物呢？职场上的你，只要做到被公司需要，你的价值被公司看重，一些重要的工作的完成离不开你的协作，人们都会尊重你，这样就够了。朋友中的你，需要智慧与魅力并重，用你的智慧去满足别人的需要，用你的魅力让大家记住你。当然，你在朋友中一定要是一个乐于助人和善于倾听之人。有人曾说过："一个可以倾诉的朋友，他的重要性超过一张1000万美元的存款单。"家庭中的你，需要承担着最大的家庭责任，在重要问题的处理上能折服所有的家庭成员，这样你的家庭才会和睦幸福。换句话说，在亲人的眼中，你需要付出内心的真诚、交流的技巧和高尚的责任感，尽管做到很难，但你却一点都不能马虎。最后，如何实现人生的自我呢？这意味着你要有较强的自控力。因为仅仅拥有强大的气场是不够的，还需要你合理地规划人生，认真生活，用心付出，去不懈追求自己的梦想。

有一个人，他与演艺圈有着不解之缘，4岁时就开始在电影里登台亮相。不过，他在演艺圈里摸爬滚打了多年，却始终还是一个默默无闻的角色，连比他晚出道多年的朋友现在也都是大腕了。多年来，他都是偶尔扮演配角角色，在一部长达两三个小时的影片里仅仅出镜三五分钟，还得看导演是否高兴。

28岁那年，他好不容易在一部12集的科幻电视剧中获得了一个角色，可他认为自己饰演的这个角色不仅戏太少，而且还有诸多不妥之处，便又和导演争论不休。奇怪的是，这次导演不但没有撤换他，还破天荒地采纳了他的意见。不但给他加了戏，还增加了他在这部电视剧中饰演的角色。结果，这部电视剧大获成功，他也凭着出色的表演逐渐获得了导演们的青睐。

1987年，他凭借着超人第四部《寻找和平》闯入好莱坞。90年代以后，他的演艺事业渐渐步入巅峰，并成了英国最受欢迎的演员。同时，他在《小声音》《复仇者》等影片中的出色表演也进一步提升了他在英国乃至全球影坛的地位。2002年3月，《艾瑞丝》一片又为他捧回了奥斯卡小金人——最佳男配角奖。他就是英国著名演员吉姆·布劳德邦特，由于他在演艺界的杰出贡献而被誉为配角大师，因为"很少有配角能像他那样始终如一地甘当绿叶"。

曾经有一位后辈问他如何在一个微不足道的配角上也能取得如此杰出的成就？他把自己的演艺经验总结为一句话：把配角当主角去演绎。他说："我从来没有想过自己扮演的角色是配角，事实上，每一个角色我都是像主角一样去演绎的。更何况，演戏是我的生活呀，在我的生活中，我就是主角，我又有什么理由把自己放到配角的位置上去呢？"

的确，在我们的生活中，每一个人都是主角。这不仅是一种生活的态度，更是一种生存的哲理。遗憾的是，无论是在工作还是生活中，很多人总是觉得自己所扮演的角色微不足道，从而选择了自暴自弃。布劳德邦特用他自己的人生履历告诫我们，这其实是一种极其错误的思想。现实中，就算你扮演的只是一个微乎其微的配角，你也必须要以主角的心态去演绎，因为在人生的舞台上，每个人都是自己的主角。

摊开你的双手，然后再合上，是什么样的感觉呢？其实，生命把握在你自己手中，每个人都是生活的主角。现实生活中，绝大多数人都是生活于平凡之中的普通人，但我们同样可以选择做一名属于这份平凡生活的英雄，活出自己的精彩。任何时候，我们都必须勇敢地去面对生活，面对它带来的酸甜苦辣的人生。其实，人生就像一杯苦涩的咖啡，初尝到的是淡淡的苦，回味时则是无尽的甜，重要的是你能否从苦中品出甜味、品出意义。选择做生活的主角，做生活的英雄，就应当如此。其实，一个人无所谓强大或弱小，只要方法得当，就能扮演好主角的角色，能成功地担负起家庭的责任、职业的压力，在社会生活中游刃有余。当然，要成为生活的主角，需要把握控制气场的技巧，其主要体现在三个方面：尊重、进取与妥协。

毫无疑问，强大的气场具有强大的吸引力，对任何人来说，它都是一种能使人产生信赖和尊重的东西，有一种天然的美感。不过，一个人要想获得这种美感，就必须学会尊重。尊重万事万物，尊重身边的每一个人，尊重生活的点点滴滴。学会从挫折中吸取教训，在愉快中获得力量。俗话说："尊重别人才能收获仰视。"试想一下，最好的气场总是来自那些有礼貌修养的人，他们谦虚谨慎、彬彬有礼，即使一言不发，也能让人心生敬意。所以，幸福的基本条件其实很简单，那就是尊重。当你想要获得别人尊重时，首先要付出自己的尊重。想要成为主角吗？那就赶紧先准备尊重的支票吧！

美国科学家富兰克林，有一次下班后和同事一起走楼梯来到大厅出口。不料此时，走在他们前面的一位女士不小心在光滑的地板上摔倒了。他的同事见状要上去帮忙，却被富兰克林一把拉了回来，并一起躲到了一根立柱背后。那位摔倒的女士随即爬了起来，一边环顾四周，一边整理好衣裙，迅速走向了自己的马车。这时，富兰克林才拉着他的同事走了出来。他的同事感到很困惑，问道："嗨，富兰克林，难道你不喜欢她，能告诉我原因吗？"富兰克林笑着回答道："有谁希望自己的尴尬和狼狈被别人看到呢？我们躲到立柱后面，是让那位女士确信没有人看到她刚才难堪的一面，从而可以放心地离开。不然，她以后遇见我们，一定会感到不好意思。"

这就是生活中必不可少的尊重，而懂得其中奥妙的人，无论他们在生活中跟什么样的人打交道，都会轻松获得对方的好感与信任，因为他们知道如何尊重他人。听上去似乎很容易，但要真正做到却有一定难度，是需要付出细心和耐心的。我们应该明白，其实我们所寻找的气场，实质上就是人与人之间的心灵交流。心近了气场就有了，气场有了事就成了。事实也正是这样，成功者赢在善于营造轻松愉悦的氛围，善于处理好人与人之间的关系和尊重尺度。

明白了尊重的道理之后，我们再来看看进取的重要意义。生活中，进取心在任何时候都是一个人永恒的魅力。它有一股巨大的神秘力量，促使我们向着目标奋勇前行，并不断超越你身边的人。它让你永不满足现状，每当你达到一个山头之时，它就会提醒你向更高的山头迈进。当你的进取心不断高涨之时，你的人气也会随之高涨。这就是气场，因为没人会不欣赏进取者，他们身上具有不可阻挡的天然吸引力。有进取心的人正是永远不满足的，他们时刻都保持着对颓废与懈怠的高度警惕，从而形成不断自我激励、自我超越的优秀习惯。在不断进取的过程中，他们身上那些不良品质和坏习惯也会随之消失，全身散发出的是迷人的魅力，那就是成功者的气质。在你的个性品质中，一旦有了雄壮的进取心，那些被鼓励、被培养的元素就会得以茁壮成长，而那些不利于成功的因素都将被消灭，这就是进取心的神奇力量。

在美国的一个小山村里，曾经住着一位卑微的马夫，起初地位很低，但后来却成了美国最有影响力的企业家之一，他就是查尔斯·齐瓦勃先生。齐瓦勃先生是如何走向成功的呢？他的成功秘诀其实并不难：每获得一个职位，他最关注的是新的职位与过去的职位相比，是否更有前途和希望，而并不把薪水的多少视为重要因素。

齐瓦勃最初在钢铁大王安德鲁·卡耐基的工厂做普通工人，当时他就在暗地里自我激励："我一定要努力做出成绩来，使老板看重我，并主动提拔我。总有一天，我一定会成为本厂的经理。我不会在乎薪水的多少，我要做的就是拼命工作，要使自己的工作产生的价值远远超过薪水。"于是，他坚定信念，以非常乐观的态度，心情愉悦地投入工作。30岁时，他果真成了卡耐基钢铁公司的总经理。39岁时，他又登上了全美钢铁公司总经理的宝座。

在齐瓦勃的思想中，只要获得一个位置，就要在这个位置上做所有同事中最优秀的人。当同事还在抱怨薪酬微薄、环境恶劣之时，齐瓦勃早已把注意力集中在工作上了。因为他相信，无论目前的待遇如何，与他将来注定要获得的财富相比，显然都是微不足道的，何必因小失大呢？他看清了周围人的渺小愿望和平庸人生，也在自己的希望之路上暗自努力。这样，无论在任何位置或是做任何事情，他都保持着乐观的心态、愉悦的情绪，在工作上努力做到精益求精、尽善尽美。于是，人们习惯把复杂难办的事情都交给他来处理，他也在不断超越自我的过程中成了公司的骨干人物。

其实，人们通常很容易就会意识到，强烈的进取心正在不断叩响自己心灵的大门，想促使自己在人生的舞台上实现梦想。然而，如果你根本不注意它的声音，不给予它适当的鼓励，它就会渐行渐远，梦想也随之化为泡影，与你擦肩而过。就像我们身上其他未被开发的潜能和品质一样，雄心壮志都会不断退化，气场会变得无比衰弱，这些本该为我们带来幸福的因素在尚未发挥任何作用之前就消失得无影无踪了，那样的人生岂不是惊梦一场，留下的却是无尽的悔恨。

进取的力量是无穷的，成功的人生离不开进取的巨大能力。不过，生活中的你在必要时还应该懂得妥协，无论你处于何种情景，站在何种位置。其实，适当的、聪明的妥协是一种极大的智慧，因为它不但对你的气场毫发无损，反而会增加你的魅力，给你额外的回报。你想成为主角吗？是的，每个人都想主宰自己的生活，驾驭自己的人生。这样，在职场上、朋友中、家庭里，你都充满了魅力，赢得了尊重。你也是这样想的吗？如果是这样，妥协就是你必须拥有的智慧。

大千世界中，人生并非只有绝对的生与死、成与败。生活中还有一种最强大的力量，那就是妥协。何谓妥协？妥协即是虚怀若谷的微笑、无伤大雅的退让，是成熟潇洒的转身，是柳暗花明的又一村，更是绝处逢生的军事锦囊。比如在夫妻的二人小天地中，磕磕碰碰是难以避免的，生活中的诸多琐事不可能都借助外力来解决，只能两个人进行沟通协商。此时，一方的适度退让，往往会让另一方心生感激。退让起到的效果恰恰是相反的，不但不会失去什么，反而会得到对方的尊重。相知相爱、相敬如宾或许就是这个道理吧。

其实，这个道理适用于任何事情。一个人要实现事业的成功和家庭的幸福，要实现位于山顶的梦想，就应该懂得波浪式前进和螺旋式上升这样的迂回战术。当你遇到困扰时，是否懂得适度妥协，握手言和，就成了对你能力的重要检验。当然，只有内心豁达的人才懂得这种妥协的可贵力量，只有意志坚韧的人才懂得这种看似软弱的刚硬。妥协，其实是一种成熟而深刻的人生哲学，是一种柔性的气场，更是智慧人生不可或缺的内在本质。如果一个人的气场只有刚性而不具备这种妥协的柔性，那么其无论做什么，都会撞得头破血流。当然，我们并不需要毫无原则的妥协。妥协是为了更圆满的结局，就如舍弃是为了更多的获得，这是智慧人生的永恒哲理。

让气场步步飙升的心灵拓展术

　　人是社会生活中的人，是个性与共性的统一体。每个人既要调整好自己的内心状态，又要不断融入大的社会环境中，不能只看重外界而迷失自我，也不能只做以自我为中心的井底之蛙。因此，每个人注定要接触社会中的点点滴滴，与大环境中的人或物打交道。然而，林子大了，什么鸟都有，每个人都必须要去适应并融入社会。在我们的生活环境中，任何事物都存在着积极因素和消极因素两个方面，这是其存在的客观性。两者的基本属性及其相互关系规定着事物的基本性质和发展趋势，任何事物都是矛盾的统一体，积极因素和消极因素是对立统一的关系。因此，我们要时刻提醒自己化消极因素为积极因素，促进事物的良性发展，这是成功人生的一种大智慧。

　　同样的道理，一个人要拥有动力充足的气场，并非自身已是十全十美，也不是事事都一帆风顺，而是时刻化消极因素为积极因素，在复杂多变的人生旅途中披荆斩棘，在勇往直前的人生道路上化险为夷，为丰富多彩的人生履历不断注入新的活力。在我们的生活中，不要为我们现在所面临的困难或遭遇而哀叹时运不济，其实世界上还有很多比我们更困难更不幸的人，他们都可以坚强乐观地活着，我们还有什么理由抱怨呢？或许我们只是光着脚而没鞋穿，但当你看到有人连脚都没有时，你的内心有什么想法呢？换个角度来讲，有时我们可能无法避免生活中的一些波折，那还不如放下心来勇于面对眼前的一切，无论是好是坏，这或许都离不开心态的重要作用。看看下面这则小故事吧！

兔子是出了名的胆小动物，无意间受到的惊吓常常像石头一样重压在它们的心上，久而久之，使兔子觉得生活太沉重了而没有意义。有一次，许多兔子聚集在一起，为自己的胆小无能而忧伤难过，哀叹它们的生活中充满了危险和恐惧。它们越谈越伤心，觉得自己的生活充满了太多的艰辛与绝望。它们埋怨自己天生不幸，没有充足的力气，没有高飞的翅膀，没有锋利的牙齿……只能在东怕西怕中苟且偷生，就连想要抛弃一切安安稳稳地大睡一觉，也有什么都能听见的机敏的长耳朵阻扰。想着想着，它们赤红的眼睛也哭得更加红肿了。它们觉得自己的这种生活实在是毫无意义的，越来越自我厌恶、自暴自弃。

长痛不如短痛，与其一生担惊受怕，还不如一死了之。于是，它们一致决定从山崖上跳下去，以此了结自己的生命，结束一切烦恼，说不定死后还能升入天堂，来世做个凶猛的动物呢。这样，它们一起奔向山崖，打算投河自尽。就在此时，一些围在湖边蹲着的青蛙，听到急促的脚步声，误以为大敌当前，立刻跳到深水中逃命去了。兔子虽然每次到池塘边都会看到这样的情景，但是这次有一只兔子突然醒悟了，它大声地说："快停下来，我们不必吓得去结束生命了，因为我们现在可以知道，还有比我们更胆小的动物呢！"这么一说，兔子们的心情豁然开朗了，好像有一股来自心底的力量油然而生，于是它们欢天喜地地回家去了。

拿破仑·希尔曾说："一个人是否成功，关键看他的心态，我们的心态在很大程度上决定着我们人生的成败。"他认为："成功人士的首要标志，在于他的心态。一个人如果心态积极，乐观地面对人生，乐观地接受挑战和应付麻烦事，那他就成功了一半。"以下两个小故事足以证明不同的心态带来的不同结果。

在推销员中流传着这样一个经典故事，两个欧洲人到非洲去推销皮鞋。由于非洲天气极为炎热，人们向来都是打赤脚。第一个推销员看到非洲人都打赤脚，原来的激情荡然无存，马上变得心灰意冷："这些人都打赤脚，我的皮鞋怎么会卖掉呢？"于是放弃努力，失败而归。另一个推销员看到非洲人都打赤脚，却信心倍增，惊喜万分："这些人都没有皮鞋穿，我的皮鞋大有市场！"于是精心策划，吸引非洲人购买皮鞋，最后大喜过望，满载而归。

有个叫塞尔玛的女士陪丈夫驻扎在一个沙漠的陆军基地里。由于丈夫外出执勤，她常常不得不一个人留在陆军的小铁房子里，室内异常炎热，也没人与她交流，何况当地的土著居民也不懂英语，令她倍感孤独艰辛。她非常难过，忍无可忍，于是写信给父亲，说要丢开这里的一切回家去。她父亲的回信只有短短两行，却彻底改变了她的生活：

两个人从牢房的铁窗望出去：

一个看到泥土，一个却看到了星星。

从此以后，塞尔玛一再认真阅读这封珍贵的短信，时刻倍感惭愧，于是决定一定要在沙漠中寻找到星星。她开始尝试和当地人交朋友，他们的反应却使塞尔玛非常惊奇：当地人知道她对他们的纺织、陶器感兴趣之后，就把自己最喜欢但又舍不得卖给观光客人的纺织品和陶器都送给了她。在那里，她还认真研究那些千姿百态的仙人掌和各种沙漠植物，研究海螺壳，观看沙漠日出日落……她发现这些海螺壳是十几万年前这片沙漠还是海洋时遗留下来的。原来难以忍受的恶劣环境变成了令人兴奋、流连忘返的独特美景。就这一念之差，她把原来人为恶劣的情况变成了一生中最有意义的冒险，给她的人生经历带来了无限的动力，并且出版了一本名为《快乐的城堡》的畅销书。她从自己的牢房里看出去，终于看到了星星。因此，塑造动力充足的气场是一种智慧，更是一种经历、一种态度。

一个人的气场里只要有了健康的生活环境和无限的生存动力，让气场步步飙升自然就是水到渠成、指日可待之事。现实生活中，我们都会意识到肯定存在着一种内在的神秘力量，这种神秘的力量时刻带给我们动力和希望。这种力量可以使我们远离平庸和失败、疾病和困扰，使我们的生命充满意义和神采。这种力量使我们所到之处所向披靡、攻无不克，使我们获得成功、健康和富足……这种力量使得每个人的生活中一切皆有可能。然而，每个人要具备这种力量，首先必须提升自己的气场，而在提升气场的过程中，须臾离不开"信念"二字。

其实，信念这种力量无时无刻不存在于每个人的内心深处。在这纷繁复杂的大千世界中，我们却因为现实的羁绊常常迷失了自己的心智，把握不住这种惊人的力量。而成功的人往往懂得运用自身的这种能量，发掘出惊人的潜力，并相当成功地将其运用到了自己的事业和生活之中，因而塑造出了一个健康宏大的个人气场，从而获得了更加光彩夺目的富足人生。提升气场恰恰离不开这种神奇的力量——信念力。信念力的重要作用是无可比拟的，它告诉我们可以成为梦想中的那类人，可以去做自己能做的那些事，可以追求自己应有的人生价值。只要我们善于发挥思考的作用，相信自己的能力并勇于去不断改变，信念力将会无限提升你的强大气场，引导你收获一个非同凡响的辉煌人生。下面是一则真实的故事：

六名矿工在矿井深处采煤，矿井突然倒塌，出口也被封锁，矿工们虽暂无伤亡，但顿时与外界失去了联系。这种突发事故在当地并不少见，他们凭借经验意识到所面临的最大问题是氧气不足，井下的空气顶多只能让他们生存三个半小时。此时，六名矿工当中只有一人有手表。于是大家商定由戴表的矿工每半小时通报一次时间。第一个半小时过去的时候，该矿工轻描淡写地说："过了半小时了。"其实他的心里充满了紧张和焦虑，因为这是在向大家通报死亡线的逼近。不过，他突然灵机一动，是否延长报时时间，减缓大家的紧张和压力，不让大家死得那么痛苦。

第二个半小时到时他没有出声，又过了一会儿他才打起精神说："一个小时了。"其实，此时已经过了75分钟。又过了一个小时，他才第三次通报约定的"半小时"。同伴们都以为时间只过了90分钟，只有他知道，其实2小时15分钟已经过去了。事故发生四个半小时后，救援人员终于赶来了。令人们感到惊讶的是，六名矿工中竟有五人还活着，只有一人窒息死亡，即那个戴表的矿工。由于幸存者意识模糊，他们根本不知道那位戴表的矿工是何时停止报时的。他的决定虽给了同伴求生的希望，自己却因为明白真相而没能坚持到底。信念是每个人心中的精神支柱，是学习、生活、工作的原动力。信念的力量是巨大的，失去信念的人会失去生存下去的勇气，这就是信念的神奇力量。

弗兰西斯·培根曾说："跛足而不迷路，能赶过虽健步如飞但却误入歧途的人。只要我们相信信念，只要我们的信念正确而坚定，尽管前途曲折，尽管道路崎岖，前景也必将是一片美好灿烂。"其实，每个人的智商相差无几，大多数人的生活环境亦是大同小异。然而，是什么力量决定了我们敢于去尝试，并打造自己多彩的人生？答案是坚定的信念。坚定信念，把握信念，你将进入成功者之列。相反，丧失信念，自暴自弃，你将堕落为一个永无出头之日的懦夫。信念这种无形的力量指引我们的日常行动，影响我们能力的发挥，塑造我们独特的气场。可以说，什么样的信念塑造什么样的气场，决定我们拥有什么样的人生。

自我暗示让自己
获取更多能量

现实生活中，学会运用积极的自我暗示，其实就相当于用一种"自信宣言"的合理表达。每天，我们都应该合理运用这种极具建设性的自我积极暗示。它会创造奇迹，将大事化小，小事化了。当然，一定不要将这种自我暗示当作一种夸耀，更不要把它仅仅当作一种负担。积极的自我暗示是一种良好的习惯，还是一种可贵的品质，更是一种巨大的力量，其对人们的日常生活乃至人生历程具有不可估量的重要影响。每个人自我强大气场的塑造，离不开自我积极暗示的无形力量，因为它是为人生正确导航的一双隐形翅膀。

家喻户晓的漫画《迪尔伯特》的作者斯科特·亚当姆斯，他习惯于用一种独特的方式诠释积极的自我暗示，合理地对自我的人生作出承诺。他并不是把自己的理想大声地说出来，而是每天在纸上写15遍自我承诺——"我要成为一个无所不能的漫画家"和"我要成为这个星球上最棒的漫画家"。当他全力准备进修商学院GMAT考试的时候，他的自我承诺就是拿到94分。结果与他的承诺达到了惊人的一致，他真的拿了94分。他常常告诫自己：永远不要限制自己的理想。换句话说，梦想有多远，我们就能走多远。

苏联著名心理学家普拉顿诺夫认为，自我暗示其实并非来自外界，而是来自肌体内部的皮层过程对自己施加影响的现象，这种皮层过程与过去第二信号系统的刺激有着密切关系。在我们的生活中，自我暗示的现象无处不在、无时不有。每天清晨起床后，对着镜子梳妆打扮一番，倘若看到自己的脸色红润，往往会心情舒畅，整天拥有好心情，这即是一种积极的自我暗示。相反，如果在镜子中发现自己的脸色苍白，两眼无神，随之怀疑自己身体出了毛病，快乐心情大打折扣，这即是一种消极的自我暗示。

当然，每个人的自我暗示高低程度是不一样的，有的人自我暗示性极高，有的人则相对偏低。有这样一个有趣的故事：一位女士曾经观看过一位著名催眠师的表演，并对他相当佩服。有一天，这位女士和丈夫正在餐厅吃饭，恰好看到那位神奇的催眠师也走进餐厅，并朝女士身边的空座位走过来。此时，这位女士心想："看样子，他要坐到我对面了，就要给我催眠了。"想着想着，有趣的事情发生了，那位催眠师还没有坐下来，女士的面部就已经发生变化了，眼睛微闭，头部下垂，不一会儿就睡着了。这即是自我暗示程度高的人的典型事例。

自我暗示的方法常常运用于运动员的日常训练中，以缓解他们的压力，并被证明取得了良好的效果。在彼此实力相当的情景下，运动员往往由于怯场、紧张等不良因素而导致其临场发挥失误。所以，对运动员进行自我调节的自我控制训练，对于帮助运动员在比赛中充分发挥自己的技能有重要意义，这种自我控制训练，采取的一个重要方法即是自我暗示训练。积极自我暗示能够使运动员学会合理自我调节，消除紧张、慌乱的情绪，引起积极向上的情绪动力，从而使运动员进入最佳的竞技状态。下面的小故事，能更好地说明自我积极暗示的重要作用。

阿里小的时候，家人给他买了一辆自行车，这在当时是极为珍贵的礼物。阿里每天都骑车出游，高兴无比。有一天，他将自行车存放在警察局门口却忘了上锁，没想到出来后发现他的新车被人偷走了。他气得直跺脚，非常愤怒和失望。沮丧之余，他的警察朋友提出教他拳击，并告诉阿里，每遇到一个对手，你就把他想象成偷车之人，这样你一定会力量惊人。于是，阿里在这样的自我暗示中越战越勇，直至夺得美国乃至世界的拳击冠军。此外，阿里还有一招，就是语言暗示。每次比赛前他都会对着镜头大喊："我是最棒的，我是不可战胜的，我是冠军！"

1948年，著名社会学家默顿曾提出了预言自动实现原则，认为人们具有一种自动促使预言实现的倾向，这正是自我积极暗示心理所起的巨大作用。所谓积极的自我暗示，其实就是用积极的思想、语言不断告诫自己，努力克服悲观、沮丧和恐惧心理，从而使人精神振奋、心情愉悦和动力充沛。比如当自己生病时，可以暗示自己"疾病只是暂时的，我很快就会好起来"。正确的态度、乐观的情绪、坚强的意志会使药物发挥出神奇的疗效，并同时调动你体内的力量，恢复健康自然就指日可待了。一句话，积极的自我暗示就是要习惯于自我鼓励、自我安慰，时刻使心理状态得到合理调整、自我平衡，远离自暴自弃、自卑自负。

在林肯身上，可以看到的是他那些认真、诚挚、公正等家喻户晓的优良品质，他努力改善普通民众生活境遇、敢为天下先的气概，着实令后人钦佩和敬仰。在拿破仑身上，他那种百折不挠的毅力，扭转局势的谋略，卓越领导的才华，强烈无比的自信确实让人不可望其项背，值得思考和学习。在爱默生身上，他那种洞察未来的睿智，解读自然的能力，剖析情感的建树，因果逻辑的把握无不折射出他惊人的才华和无限的魅力……时刻告诉自己，我很快就会拥有这些人所表现出来的优秀品质。如果你经常强化这一种思想，就会产生坚定的信念，进而变得坚信不移、矢志不渝。

开水之所以能开就是因为持续加热所起的作用，如果烧到99℃就停止加热，仍然只是温水而非开水。其实，生活中许多的广告都利用了重复的心理规律。一句话反复重复，一个表情反复重复，就在你的潜意识中输入一个程序，"脑白金"的广告不就是这样吗？因此，要养成一个良好的习惯，就要掌握这一规律，那就是不断地自我暗示，不断地重复暗示。

以看书为例，很多知识尽管看过一两遍，但那些重要的知识却没能植入脑海中，并且随着时间的推移变得模糊不清甚至荡然无存了。这样学到的知识仅仅只是了解、知道而已，何谈言必行，行必果呢？当然，仅仅知道并无实际意义，说到不如做到，要做就做到更好。然而，很多琐事自己为什么就是做不到呢？因为你还没有形成这样的行为习惯，积极的自我暗示同样离不开习惯的力量。自我暗示又称自我肯定，是对某种事物的有力、积极的赞同、认可，这需要我们对正在想象的事物进行坚定和持久的练习，能让我们尝试着用一些更积极的思想去否定过去陈旧的思维模式。现实生活中，这是一种强有力的技巧，对培养我们良好的积极自我暗示的习惯具有重要意义。

当然，积极自我暗示可以默不作声地进行，也可以大声地说出来，还可以在纸上写下来……方式多种多样，但需要我们坚定执着地练习，从而改变我们一些不合理的陈旧思想习惯。其实，我们越经常性地意识到我们正在告诉自己的一切，选择积极、扩张的语言和行动，我们就越能够创造出一个积极的现实，从而塑造强大的生命气场，征服一切困难，铸造成功人生。

做最好的计划和最坏的准备，建立强大的心灵屏障

人的生活之路上充满了各种变数，就像这六月的天气，说变就变。谁也说不清楚明天到底会发生什么，谁也不知道明天会是什么样子，凡事都要有所准备的话那就太累了，同时也不知道该做什么样的准备。但是有两种准备是必需的，那就是凡事都要有两手准备，即最好的打算和最坏的打算。

最好的打算是对一件事最美好的希望，有希望就会有动力，看到了希望就会看到前面的路该怎么走，同时也就有了做事的愿望和动力。最坏的打算是对一件事做的最后的打算，是对一件事走投无路时的打算，只要有了这种打算，就算是真的到了最后的地步，也不会因为没有准备而失魂落魄、悲观失望。因此，这两种打算是一个人对任何事件的两手准备，是对一件事作出的理性的决定。

尽管这条漫漫的人生之路上充满了变数，但是只要有了这两种打算，在任何事面前都不会产生傲慢和悲观的情绪。有句话说得很好："当一件事办得极为顺利的时候，就要想到最坏的情况；但是当一件事到了最坏的地步时，就要往好处想。"这句话说得很有道理，也道出了人生处事的一种最佳的处理方式和思考角度。这同样也是一种强大的意念，只要有了这一意念，就无须再为任何事担忧。因为这就是一根威力巨大的定海神针，牢牢地竖立在人们的心中，任凭惊涛骇浪、狂风暴雨，也无法动摇一个人的内心，也就根本不可能在一个人的心中产生各种不良的情绪，对于做好每一件事，都具有十分重要的指

导意义。

中国姑娘李娜在一次法国网球公开赛中，一路过关斩将，一举夺得了法网的大满贯。这是中国人的骄傲，证明了中国人不仅可以在乒乓球、体操等传统体育项目上获得举世瞩目的成就和地位，就连网球这种非传统体育项目也可以在世界上占有一席之地。李娜的成功让人们看到了一个极富活力的中国姑娘的身影，在她的成功历程中，她曾经作出了一个重大的决定：脱离体制。这是一个极大的挑战，无论成败，都将由她一个人承担。应该有充足的理由，相信她已经为自己的做法考虑了很久了，同时，大家也会相信，她已经在这个问题上做出了最坏的和最好的打算。因此，不管成败，都将由她一个人承担。她也不会有什么遗憾，因为在她的心中始终有那么一根定海神针，就算是面对生活中和工作中的再大的困难和挑战，她也不会有所退缩，更不会后悔自己作出的决定。因为有了这种强大的意念的支持，她在现在和以后的事业中根本无须担心，因为就算是面对最坏的结果，也在自己意料之中。这就是这种意念的作用，就算是面对最坏的情况，也会因为自己的心中已经有了准备，所以就不会出现那种猝不及防的伤感与失落。

没有人会自愿面对失败，但是有一个面对失败的心理准备总是好的。这是因为不管一个人做什么事，发生失败都是很正常的事情，不要因为一次的失败而倍感伤心，从而也就不会因为一次的失败而否定自己，让自己没有勇气去面对人生今后的各种挑战。准备，是一个人对自己的认可，是自己对自己负责的表现，因为有了各种准备的人，就会对自己的生活和事业有了充足的免疫力，所以不管自己在今后的生活中面临什么样的困难和挫折，也都会泰然处之。

其实，作出最坏的打算，也是一种为人处世的方式和思维方式。因为，有了最坏的打算，就会努力避免出现这种状况，就会督促自己尽力做好自己的事情，就会用尽自己最大的努力来处理所面对的各种难题，为自己打气，鼓励自己在今后的事业中，发挥出自己的最大努力，将各种事情做好。

营销行业的人都会有这种体会，当一个人在实际的销售活动中，不可能总是会收到很好的回报，因为市场的情况瞬息万变，有时候受到整个市场状况的影响和消费者的偏好的影响，销售业绩不是很好，奖金可能就会全部泡汤。所以，事先给自己打一剂预防针，事先考虑到可能会出现的各种不利状况，以提前做好突发状况的分析，并针对各种状况作出相应的准备。这样一来，到时候就算是真正出现某种突发状况时，也不会因为来不及思考和准备，而出现各种难以应付的状况。这在一个人的职业生涯中是十分重要的，不管事情会是什么样子，总之在做事之前，作出最坏的打算，也不失为一种明智之举。

作出最坏的打算，是一个人应对突发状况和失败的最好的心理准备。但是，除了应作出最坏的打算外，凡事都应该看到它好的一面。凡事作出最好的打算，是一个人处理问题时乐观的处世态度。就算是面对再大的困难，也应该往好的方面去想，坚信天无绝人之路，于绝处逢生，凡事总会有更好的出路。

商业大亨史玉柱，就是一位具有传奇色彩的商业界的传奇人物。当年凭借着一份巨人汉卡让他坐上了商业界第一把交椅，成了世人眼中创业的先锋；但是巨人大厦的垮塌，以及投资的失败，让他一下子肩负了巨大的债务，陷入了沉重的债务危机，成了商业界中失败的典型。但是，今天的史玉柱，又一次凭借着自己的奋斗和努力，让自己成为网络事业的先锋人物和保健品行业的中流砥柱。史玉柱能够从那次惨烈的失败中再一次崛起的经历，凸显了在现代社会中"坚韧与毅力"的重要作用，同时也在世人面前树立了一种在失败面前不低头、不迷茫、奋勇抗争的榜样。

坚信天无绝人之路，于绝处逢生，正是这位传奇商业大亨的成功之路。就在他那一次失败之后，并没有因为这一次的失败而一蹶不振，而是以更加坚强的意念为支撑，看到事情好的一面，为之更加努力地去奋斗，这种意念和这种努力，正是他再次创造出一个商业帝国的原因。凡事都要往好处想，就算是事情到了一发不可收拾的程度，也不要忘记看到事情好的一面，坚信天无绝人之路，就要让自己在绝处逢生，让自己有更加强大的意念来面对今后生活中的各种困难和磨难。

事情总是一分为二的，凡事都有好和坏这两个方面。在人生中，看待问题不能太过片面，应该看到事情的两面性。凡事都要做两手准备，不管事情多么顺利，都要作出最坏的打算，作出最坏的准备；不管事情发展到多么坏的境地，出现多么恶劣的境况，都应该尽力往好处去想。就像上面的那句话，"当一件事办得极为顺利的时候，就要想到最坏的情况；但是当一件事到了最坏的地步时，就要往好处想"。这句话无论是在个人生活中还是在处理问题时，都具有很重要的现实意义，对人们的实际生活具有重要的引导作用。

因此，在人生中不管遇到什么棘手的问题，也不管是遇到多么顺利的事情，都要有两手准备，做好最好和最坏的准备，所谓有备无患，正是这个道理。也就是说，无论在什么时候，只要做好这样的心理准备，都不会迷失自己。

做好两手准备，不要有什么大的顾虑，不要有什么担忧，放手去做，努力追求自己心中的理想，这样才能闯出一番大事业来。

第四章

拥有强大气场，
人生更加从容

气场体现一个人的能力，更展现一个人的魅力。一个拥有强大气场的人，不仅自身充满活力、激情四射，还能强烈吸引并感染他人，让周围的人也时刻保持动力十足、乐观向上的积极生活状态。因此，当你拥有强大的气场时，不仅可以保持身体健康，战胜各种困难，事业一帆风顺，家庭幸福美满，还能提升人际关系，获得他人认同，让大家都能拥有健康的生活，实现人生的梦想。当然，拥有强大的气场，离不开一些关键的因素，如微笑、表达、人脉、信念……微笑展现你的善意，表达展示你的魅力，人脉打开你的成功之门，信念造就你的辉煌人生。总之，拥有强大气场，想不成功都难。

成功者的
气场体验

古往今来，诸多成功者都有一个共同的体验，那就是对成功的渴望、激情、执着和坚持，这即是成功者的气场体验。他们相信自己、超越自己，从而不断前行。他们美丽四射，光彩照人。一句话，他们拥有强大的吸引力。然而，平庸者却没有这样的激情，他们安于现状，乐于躲藏在不被人注意的角落里，做着青天大梦。尽管其中很多人也迫切希望自己取得成功，但他们却天真地以为只要守株待兔就可以了，何必要去打拼得遍体鳞伤、筋疲力尽呢？试想一下，当一个吃饭的机会出现在面前时，一个强烈渴望获得食物的人和一个什么都无所谓态度的人，其竞争的结果是不言而喻的。在这个竞争激烈的现实社会中，谁更渴望，谁就占据优势，谁有勇气伸出"渴望"之手，谁就离成功更近一些。其实，梦想就在我们触手可及的前方。

当埃德温·巴恩斯从新泽西州西奥兰治的货运列车上爬下来时，给人的感觉就像个流浪汉。然而，在他自己心中，他却是一位王者，因为他决定要做爱迪生的合伙人。就在他沿着轨道向爱迪生的办公室前行的时候，他的大脑一直在思考和想象着，似乎看到自己已经站在爱迪生面前，好像听见自己在跟爱迪生说话。他有一个相当强烈的欲望，那就是要找个机会去实现他成为著名发明家的合伙人的梦想。不过，巴恩斯的想法不仅仅是一种希望，也不仅仅是一种愿望，而是一个令人惊心动魄的欲望，欲望使他的信念异常坚定，促使他勇往直前。

初次见面时，爱迪生并不怎么看好他，巴恩斯得到的只是一个在爱迪生办公室打杂的机会，而且薪水微薄。心理学家曾说："当一个人真正准备好做一件事情的时候，他就一定能够取得成功。"的确，巴恩斯一心只想与爱迪生共事，他坚定的信念从未改变，一定要拿到自己想要的东西。恰好爱迪生刚刚完成了一项发明，当时被称作爱迪生授话器。不过，推销员对这种机器并不感兴趣，他们认为费尽心思也难把这玩意卖出去。所幸的是，巴恩斯发现了这个悄然而至的机会，况且除了巴恩斯和发明者之外，没人对它感兴趣。巴恩斯认为自己可以卖爱迪生授话器，并把这个想法告诉了爱迪生。爱迪生尝试着给他这个机会，结果巴恩斯真的把机器卖了出去，而且还很成功。

几年后，依然是在初次见面的那间办公室里，巴恩斯再次站在了爱迪生的面前，这次他真的与爱迪生一起共事了。

巴恩斯成功了，因为他坚信自己的目标，他用自己全部的激情、精力和努力去实现那个目标。尽管除了他自己之外，其他人都认为他仅仅是爱迪生生意圈中的一个小人物，但在巴恩斯自己心中，从他在那儿开始工作的第一天起，他无时无刻不是爱迪生的合伙人。巴恩斯实现了自己的梦想，因为除了想要成为爱迪生的合伙人，他别无他求。正是这个欲望，成了巴恩斯生活的强烈愿望，在这个欲望的强烈推动下，他的愿望变为了现实。

芝加哥大火灾之后的第二个早晨，一群商人站在斯泰特大街上，无奈地望着他们昔日的店铺烟雾朦胧。大家聚在一起商讨是选择重建店铺，还是离开芝加哥去其他更具希望的地方另起炉灶。结果是大家最终决定离开，但是只有一个人例外。那个决定留下来重建店铺的商人指着大火后的废墟说："先生们，无论烧毁多少次，我一定会在原来的地方建一座全球最大的商店。"1871年，新的商店建成了。今天，它依然耸立在那里。马歇尔·菲尔德的百货商店是其精神力量的典型象征，这种可贵的精神正是强烈的欲望。

其实，对马歇尔·菲尔德而言，最简单的做法就是像其他商铺老板那样，一旦遭遇挫折或陷入困境，便立刻鸣金收兵，改奔异乡，另谋出路。在这里，马歇尔·菲尔德与其他商人的不同之处，就在于谁的欲望更强烈，谁一直更坚定。生活中，其实每个懂得金钱价值的人都希望拥有它，但是仅仅依靠普通的心愿是难以创造财富的。只有以一种坚定执着的精神状态去渴望财富，策划获取财富合理的方式方法，并以充分饱满的激情和不屈不挠的意志为支撑去实施这个计划，才能走向胜利的彼岸，登上成功的巅峰。

英国著名诗人威廉·亨利在他的预言诗中曾写道："我自己的命运由我主宰，我的精神支柱是我自己。"他想告诉人们：我们之所以是自己命运的主宰、自己精神的支柱，是因为我们拥有掌控我们思想的能力。的确如此，我们之所以是自己命运的主宰、自己精神的支柱，是由于我们的思想不可避免地会受到我们头脑中固有的主导意识的钳制，它会把我们引向那些意念与我们一致的力量、人物和生活氛围。所以，在走向成功、实现梦想之前，我们必须用饱满的激情和坚定的信念来主宰我们的思想，我们必须让自己具有"成功意识"。只有在这种信念的强烈驱使下，我们才能促使自己站得更高，看得更远，走得更辉煌。作为一位诗人，亨利只是通过诗的形式诠释了一个永恒的真理，但这字里行间的哲理则值得我们去深思和品味。或许成功者的气场可以用一句话来概括：思想有多远，我们就能走多远，信念的强度决定人生的高度。

气场是打开
人脉之门的钥匙

人是社会性动物，每个人的成功都来自他所处的人际圈子。尤其是在高度分工的现代社会，人脉对于每个人来说都是不可或缺的。其实，全世界任何地方都存在着极为复杂的人脉关系。换句话说，世界上的每一个角落都可以有你的人脉，世界上的每一个人都可以成为你的朋友，而这些朋友对你来说都是价值连城的。这些价值有些是显而易见的，有些是需要挖掘的潜在财富。

我们来看看世界一流的人脉关系专家哈维·麦凯是如何利用人脉来推销自己、壮大自己的。

哈维·麦凯从大学毕业那天就开始四处求职，当时的大学毕业生数量很少，他自以为可以顺利找到满意的工作，结果却竹篮打水一场空。幸运的是，哈维·麦凯的父亲是位记者，跟政、商两界的一些知名人物有所交往，其中有一位叫查理·沃德。查理·沃德是布朗比格罗公司的董事长，那是全球月历卡片制造界的航空母舰。四年前，沃德因疑似税务问题而获刑，并陷入痛苦的法律制裁中。然而，哈维·麦凯的父亲认为沃德的逃税一案证据不足，于是奔赴监狱采访沃德，并写了一些客观公正的报道。沃德也因此走出了监狱，并对哈维·麦凯的父亲深怀感激。出狱后，他问哈维·麦凯的父亲是否有子女。"有一个在上大学。"哈维·麦凯的父亲说。"什么时候毕业？"沃德表示关切。"他刚毕业，正是需要一份工作的时候。"哈维·麦凯的父亲有些尴尬。"噢，那正好，如果他愿意工作，叫他来找我。"沃德说。

第二天，哈维·麦凯便打电话到沃德的公司。起初，沃德的秘书不愿为他转接电话。后来哈维三次提到他父亲的名字，才获得了跟沃德通话的机会。沃德告诉他说："明天上午10点，你来我办公室谈谈吧！"第二天，哈维·麦凯准时到达，不料招聘变成了轻松愉快的聊天，沃德兴致勃勃地回忆他与哈维·麦凯父亲的一些往事。言归正传，聊了一会儿之后，沃德说："我想安排你到我们的'金矿'工作，就在位于对街的'品园信封公司'。"毕业后东奔西闯了一个月的哈维·麦凯，现在却站在了铺着地毯、装饰豪华的办公室内，不但获得了一份工作，而且还是到"金矿"工作，这让他喜出望外。沃德所谓的"金矿"工作，即指待遇、前景都很看好的体面工作，因为那不仅仅是一份工作，更是一份事业。

42年后，哈维·麦凯依然在当初沃德推荐的"金矿"行业里工作，不过此时他已成为全美著名的信封公司——麦凯信封公司的掌舵人，并在该行业里如鱼得水、游刃有余。正是在品园信封公司的工作过程中，哈维·麦凯熟悉了经营信封业的流程，懂得了其操作模式，学会了推销的技巧，更为关键的是积累了大量的人脉。这些人脉直接保证了哈维·麦凯事业的成功。后来，哈维·麦凯说："感谢沃德给我的工作，是他创造了我的事业。"

因此，你在生活中所认识的每一个人，都有可能成为你生命中难得的贵人，成为你事业中重要的顾客。沃德，一个曾经身穿囚衣的犯人，却成就了自己和另一个人的事业和人生。所以说，人脉关系无处不在、无时不有。

构建气场首先得从人脉开始。俗话说：在家靠父母，在外靠朋友。实质就是说，一个人若想改变自己的命运，就必须有丰富的朋友资源，因为朋友的价值是不可估量的。正因如此，生活中才有"财富不是永远的朋友，朋友却是永远的财富"这一说法。换个角度讲，说白了，朋友就是人脉。当今社会，没有人脉就难以开展任何事情，更不用说要打开局面干大事了。也许有人要问，人脉固然很重要，但到底能给我们带来什么好处呢？下面就让我们一起来看看。

第一，人脉决定一个人的成败。如前文所述，一个人事业的成功80％归因于与别人相处，20％才是来自自己的心灵。其实，这一点都不夸张，人的成功确实只能来自他所处的人群及所在的社会，也就是要有一个自己的圈子。试想一下，如果在社会中没有一定的交际能力，必然会处处碰壁，不知所措。人脉就是生产力，成功的第一要素是要懂得怎样处理人际关系。因此，你若想成功，就一定要营造一个人脉网。一个人无论多么有知识、有才华，倘若没有人脉资源，一样是难以成事的。总之，如果你想有发展的空间，想要在事业上有所成就，首先就得建立自己的人脉网。

第二，人脉就是财脉。表面上看来似乎有几分庸俗，但却是真正的硬道理。尽管人脉不是现实可取的财富，但没有它就很难获得财富。社会就是一张大网，每个人都是网中的一个节点，一个人所处的节点越重要，其人脉资源就越丰富，赚钱的门路当然也就越多。同时，一个人的人脉层次越高，其财富就来得越快、越多。所以说，人脉就是财富，朋友就是资源，关系就是生产力。很多从事销售工作的人都深有体会："如果自己有足够丰富的关系，完成任何工作都顺利得多。如果在关键位置上能找到人，拓展业务就容易多了。"其实，这一切都是人脉的巨大能量。推而广之，无论是什么行业，人脉资源越宽广，走向成功就越容易。尤其是有些能量巨大的关键人物，其知名度和影响力非同一般，一旦与这类人走近，可以说是前途一片光明。由此可知，你在社会中赚了多少钱，积累了多少经验固然重要，但你最大的收获却是你认识了多少人，结识了多少朋友，积累了多少人脉。金钱的数量是有限的，经验的获得是必然的，而人脉的巨大能量则是无限的。

第三，人脉是情报站。当今社会是信息高度发达的时代，谁拥有及时可靠的信息，谁就率先获得了发展的机会。信息来自何处呢？正是来自你的形式多样的情报站，而情报站的最佳渠道就是你的人脉网。你的人脉网有多广多宽，你的情报就有多丰富多灵通。因此，一个人能否建立品质优良的人脉网，能否获取及时有效的情报，是你事业成败的重中之重。当然，人上一百，种种色色，朋友也有很多种类，在不同的场合朋友会有不同的价值。其实，在我们的工作和生活中，可以作为智囊的朋友通常有以下三类：其一是为我们提供有关工作情报和意见的人，他们大都是职业记者、书刊编辑、公关人物等，这类人通常会给我们提供诸多宝贵的意见；其二是为我们提供有关工作方式和生活态度意见的人，他们大多是专家、行业领军人物、资深前辈等；其三是与我们的工作无直接关系的人，比如亲人、老乡等。这些人的资源丰富，信息量大，任何时候都不容忽视。

第四，人脉就是机会。为什么很多人抱怨自己怀才不遇，明珠暗投？很明显就是时不我与，缺乏机会。所以，要想为自己创造更多的机遇，就应该懂得开发人脉资源。一旦有了机遇，成功就很可能垂青我们了。事实证明，一个人的交际能力越强，交际范围越广，其所获得的机遇就越多，二者是密切相关的。基于此，我们就更应该充分发挥自己的交际能力，扩大自己的交际范围，从而不断扩展自己的人脉网。在影视圣地好莱坞流行着这样一句话："一个人能否成功，不在于你知道什么，而在于你认识谁。"卡耐基训练区负责人黑幼龙也曾指出："人脉是一个人通往财富、成功的入门票。"台湾证券投资界的杨耀宇，就是能将人脉竞争力发挥到极致的超级脉客。一名曾经从台湾南部北上闯荡的乡下孩子，为何能够快速积累财富？"有时候，一通电话抵得上十份研究报告。"杨耀宇说，"我的人脉网络遍及各个领域，上千、上万条，数也数不清。"因此，人脉也需要管理、储蓄和增值。留得青山在，不愁没柴烧。只要掌握了人脉资源，还愁不会与人打交道？

第五，人脉是一面镜子。古语说："以铜为镜，可以正衣冠；以人为镜，可以明得失；以史为镜，可以知兴替。"人脉不仅为我们带来资源或财富，更重要的是能够帮助我们正确认识自己。其实，一个人是很难彻底认识自己、了解自己的，唯一的办法就是拿自己与周围的人比较，有比较才会有鉴别，从而才能真正认清自己。因此，在人与人的交往中，我们可以逐渐看清楚别人眼中的自己到底是什么样子，从而不断修复、提升自己的形象，任何时候我们都不能"忘形"。如果没有别人作为镜子，你永远不会知道自己是什么样子。所以，如果说交往是一门艺术，认识自己、改变自己就是艺术中的艺术。

微笑与表达的力量

雨果曾说过："生活，就是理解。生活，就是面对现实微笑，就是越过障碍注视将来……"大千世界中，人是微笑的唯一载体，微笑也是人类独特的一种微妙表情，是人类最美丽的体态语言。世界上什么最美丽呢？当然是微笑。微笑是一种无声的感召，是一首美妙的小曲，是一朵芳香的鲜花，是一片美丽的白云，更是一剂抚慰心灵的良药。微笑总是那么神秘，但又让人神清气爽，心情舒畅。自古以来，微笑的妙用和魅力是人们称颂不绝的话题，靠微笑扮靓自己、提升人格、塑造气场、感染周围的成功事例比比皆是。总之，微笑是一种美丽，一种快乐，一种智慧。

微笑是展示自我的一张精致名片，又是保护自我、完善人格的一种良好武器。公关场合的微笑更是一门高深的交际艺术，因为这样的微笑既能美化自身，又能感染周围；既能展示自己，又能愉悦别人。很多美丽的形象大使、公关小姐往往不需要很多的语言，仅以无限的微笑，就能收获对方的好感和应有的成功。人在庄重场合的成功、胜利时的喜悦心情虽难以掩饰，但又不适宜夸张地表达，此时用言之不尽的微笑来表示则会大方得体、魅力无穷。

现实生活中，微笑是解救被动情景，冲破尴尬局面的灵丹妙药，是化解困惑无奈，缓冲紧张对立的军事锦囊。俗话说一笑泯恩仇，说的正是这个道理。火药味密布，争论不休的双方，一旦付之以微笑，紧张气氛便会急剧融化，甚至握手言和。微笑，冷却了两颗将要爆发的心，化解了很多不愉快的恩怨，成就了不少人豁达开阔的心胸。一对产生了隔阂的亲密伙伴，再见面时难免充满无尽的尴尬，一个微笑便包含所有的解释。一个选手出乎意料地败下阵来，一个微笑不但掩饰其尴尬失落，更显示其风度与信心。这就是微笑，一个简单的微笑，背后却是无穷的哲理。

微笑可以获得乘数效应的丰厚回报，可以放大生活中的点滴快乐。你给予别人一个真诚的微笑，很可能会换来更多个同样的微笑。一个在生活中不吝啬微笑的人，对他微笑的人只会更多。因此，时刻带着微笑出行的人始终不会感到孤独，时刻带着微笑工作的人同样不会感到烦闷，时刻带着微笑回家的人更不会感到冷清。依然是微笑，让一个人的生活充满了快乐与阳光，洋溢着幸福与温馨。简单的付出，丰厚的回报。微笑是一粒种子，谁播种微笑，谁就能收获美丽。播种的是好心情，收获的是开心果。因此，微笑能把人的生活点缀得丰富多彩。

麦克失业后，心情糟糕透顶，十分苦恼。于是，他来到镇上向牧师倾诉。牧师听完了他的诉说后，就把他带进一个古旧的小屋子里，屋子里有一张桌子，上面放着一杯清水。牧师对麦克说："你看这只杯子，已经放在这儿很久了，几乎每天都有灰尘掉落在里面，但它却依然澄清透明。你知道原因吗？"麦克认真想了想，说："灰尘都沉淀到杯子底下去了。"牧师微笑着点点头："年轻人，生活中烦心的事不可避免，就如同掉在水中的灰尘，但是我们却可以让它沉淀到水底，让水保持清澈透明，这样也使自己心情好受些。如果你不停地摇晃，本来不多的灰尘却会使整杯水都一片浑浊，更令人烦心不已，还会影响人们的判断和情绪。"

上面的故事告诉我们，微笑是对生活的一种态度，与一个人的处境、财富、地位都没有必然的联系。一个日进斗金的富翁可能整天忧心忡忡，而一个家徒四壁的穷人可能心情愉悦。一位先天残疾的人可能豁达乐观，一位时运俱佳的人可能眉头紧锁。一位身处困境的人可能会微笑面对，一位衣食无忧的人可能会困扰重重……当然，一个人的情绪受环境的影响无可非议，但成天一副苦大仇深的样子依然是无济于事。相反，如果微笑面对生活，用亲和力感染他人，得到的机会或许会更多。因为只有心里有阳光的人，才能感受到生活中的灿烂阳光。生活始终是一面镜子，照到的始终是我们自己的影像，当我们哭泣时，生活也跟着哭泣，当我们微笑时，生活也开始微笑。

微笑是没有工具性的，是对他人的尊重，也是对生活的尊重。无论是对上司、员工还是自己，那笑容都真实可爱。微笑是有报酬的，就像物理学上所说的力平衡理论一样，你如何对待别人，别人就会怎样对待你，你对别人的微笑越多，别人对你的微笑也会越多。在生活不如意时，在受到别人误解时，你可以选择勃然大怒，也可以选择真情微笑。不过，微笑的力量会更强更大，因为微笑会震撼对方的心灵，彰显自己的豁达气度。当年，有人四处说爱因斯坦的理论错了，并且说有一百位科学家联合做证。爱因斯坦得知此事后，只是淡淡地笑了笑，说："一百位？要这么多人？只要证明我真的错了，一个人出面便行了。"爱因斯坦的理论经历了时间的重重考验，而那些处心积虑讽刺他的人却让一个简单的微笑打败了。

时刻保持微笑的心态，人生便会更加美好。人生中有坎坷挫折，有嘲讽误解，实属正常。一个人要想生活美满如意，首先就得有个良好的心态。俗话说面由心生，没有心底的快乐又何来微笑的面孔呢？微笑的本质便是内心的爱，而真正懂得爱的人，生活一定不会平淡无奇。所以说，微笑是人生最好的名片，谁不希望能与一个乐观向上的人交流呢？当然，微笑能给自己、给别人都带来信心，从而更好地挖掘其潜能。微笑还是朋友之间最美的语言，一个真情流露的微笑，胜过千言万语，无论是初次相识还是交往已久，微笑都能拉近人与人之间的距离，让彼此倍感幸福温暖。微笑还是一种可贵的修养，能充分体现一个人的风度与魅力。总之，微笑的归宿是亲切，是幸福，是鼓励，是温馨。真正懂得微笑的人，总是容易获得快乐，总是容易拥有幸福，总是容易取得成功的。

在现实社会生活中，只有真正懂得微笑的人，才能牢牢握住生活的手，微笑着去欢唱生活的美丽歌谣。无论生活中有多少艰辛磨难，无论生命中有多少坎坷曲折，我们都应该勇于面对，微笑面对。试想一下，如果大海失去了翻滚的巨浪，就不会有壮观的海潮。如果沙漠失去了狂舞的飞沙，就不会有雄伟的沙丘。如果生活仅仅是求得两点一线的安稳舒适，生命也就失去了多彩的魅力。要学会微笑面对，你微笑，生活也微笑，你微笑，整个世界也微笑。

面对错综复杂的生活，每天记得给自己一个简单自信的微笑，生活中遇到的不快，工作上碰到的不爽，就会被微笑的力量一扫而空，从而铺满对生活的热情。总之，舍得微笑，得到的是友谊；舍得微笑，拥抱的是快乐；舍得微笑，获取的是幸福。微笑带来力量，微笑展现智慧，微笑成就人生。

敢于开始新的征程、发起新的挑战

人生的经历是一个很复杂的过程，很多事都会有第一次。例如，第一次去酒吧，第一次去学校，第一次参加工作等。不管是谁，从出生来到这个世界的时候，总是什么经历都没有，所以万事都有一个第一次。当然了，除了上述的这些事情外，还会有第一次成功，第一次遭受失败，第一次得到梦寐以求的东西等。所以，凡事都有一个开始，没有开始，就意味着没有继续，当然也就不会有经历，那自然也就不会有什么成功可言了。

所谓"万事开头难"，第一次做一件事的时候，总是感觉不适应，会因为陌生的环境、陌生的人、陌生的事情而感到束手无策。这个时候，很多人就会出现紧张、焦虑甚至是退缩。这样一来，就很难将事情进行下去，梦想也就只能永远是梦想了。

所谓"第一个吃螃蟹的人"，是要冒很大的风险的，就像西红柿第一次被带进欧洲的时候，众人都以为它是毒药，没有人敢去吃。这个时候有个胆子大的人，拿起来吃了一口，发现自己不但没有死，反而觉得这个红红的果子很好吃。这样一来，西红柿就开始在欧洲传播开来。由此可见，第一次接触一件陌生的东西，谁都会有恐惧感，没有人敢做这样一件从没有接触过的事情，那第一个吃西红柿的人，就是一个敢于冒险的人。也只有这样敢于冒险的人才不会有所顾忌，真的敢去做那些不为人熟悉的事情。

在众人眼里，第一次做某件事的人往往会被称为是"冒天下之大不匙"，所以就在无形中给那些敢于做出第一次、迈出第一步的人造成了一种无形的巨大的精神压力，从而使得很少有人会愿意做"第一个"。但是，要知道，如果没有第一次，没有任何的开始，哪还会有今天的汽车、飞机、高楼大厦、现代医学等一切在现实中为人们所体验所接受，并且一时一刻也离不开的现代化的生活方式。

还记得汉朝那一次名垂千古的西域之行吗？是的，就是张骞在汉武帝初年率领使团出使西域，以便获取更多西域的信息，为汉武帝对匈奴的反攻提供更大更多的支持。还记得这次远征在历史上被称为什么吗？"凿空"，因为这是一次史无前例的远征。西域，对于汉朝人和汉朝的皇帝来说始终是一个神秘而遥远的地方，虽然略微知道一点关于西域的信息，但仅仅是一点而已，对当时的战局起不了很大的影响，所以在汉武帝决定对匈奴展开军事反攻的时候，能够更多地了解西域的状况，对于汉朝联系西域国家一道反击匈奴起着十分重要的作用，因此在汉朝的政治日程中，其被摆在很高的地位上。没有任何关于西域的地理、人文等方面的信息，张骞的远征实际上就是一次探险。但是，无论干什么事情都会有第一次，远征也是一样，然而这个第一次，却有着十分重要的历史意义。

什么时候都是第一次做的时候很困难，张骞的这次出使正值汉匈关系的紧张时期，要向西域远征，就必须穿过匈奴人的地盘，这是第一个困难。但是地理信息不是很发达，在路途中很可能会迷失方向，或者找不到食物和水源，这是第二个困难。但是，有志者事竟成，在这自强不息的精神的鼓励下，张骞一行还是战胜了这一路上的各种困难，穿过了匈奴占领区，战胜了没有食物和水的生活状态，最终到达大宛和大月氏，掌握了大量关于西域的前人闻所未闻的信息，是汉人向西到达的最远的地方，为汉朝对匈奴的军事进攻提供了详细的地理信息，为汉朝的军事反攻提供了巨大的帮助。

虽然这次远征是有史以来的第一次，但是张骞一行还是以大无畏的精神和自强不息的品格战胜了所有的困难，历时12年，终于完成了这次"凿空"之行。假如当初没有这次远征的开始，假如当时的汉朝人都认为这是一次死亡之旅而没有人愿意参加，那么，又怎么能成就这一千秋功业呢？

由此可见，虽然是万事开头难，但是如果没有开始，又怎么会有胜利呢？又怎么会有一系列的成功可言呢？尽管开始很困难，但是一定要坚信一句话，"有志者事竟成"。只要认准目标，努力奋斗，所谓"天行健，君子以自强不息"，面对再大的困难，只要心中有那么一股永不屈服的精神，坚持自强、自信，就一定可以战胜开始时的一切困难，完成人生之路上的一次又一次"凿空"之行。

人生有一次又一次的"凿空"，同样，个人对国家的贡献和个人的努力同样有"凿空"之说。

清末时期，中国有很多铁路，但是这么大的国家竟没有一寸铁路是由中国人自己设计制造的，这不能不说是国人的一种耻辱。年轻的詹天佑就在此时萌生了一个想法——修一条由我们中国人自行设计建造的铁路。但是当时并没有任何中国人参与过铁路的设计，更不用说是自行设计了。可见当时在中国自行设计并修建铁路是一件多么艰难的事情。因为中国没有任何的经验和资料可供参考，外国人是绝不会帮助中国人来修建铁路的，所以所有的事情就只有靠詹天佑个人的努力了。这个难度是可想而知的。詹天佑认识到，这毕竟是中国人自主设计并修建的第一条铁路，就算是没有任何的资料可供参考，中国人也一定要在自己的国土上修建一条由中国人自主设计的铁路。就在这个想法的推动和激励下，詹天佑开始了修铁路的破冰之旅。几经挫折，詹天佑终于凭借着自己精湛的技术和才能，出色地完成了中国第一条由中国人自主设计的铁路——京张铁路。万事开头难，詹天佑开的这个头，真可谓是难上加难，第一次在这么复杂的地形上修建铁路，而且没有任何的经验和资料可供参考，这次的"凿空"之行，显得特别有意义。

从上面讲到的两个事例中我们可以看到，不管是个人的境遇，还是为国家做贡献，第一次总是有着太多的困难，凡事都是开头难，只要开好了这个头，以后就会有经验和教训可供学习。但是不管再怎么困难，再怎么没有经验，这只不过是胆小鬼和懦夫的借口，在真正的勇士面前，是没有任何阻挠的。不管这是不是第一次，不管这是不是开始，真正的勇士总是敢于直面眼前所有的困难，敢于直面前人所不敢面对和开始的任何事情，只要不违背道德和法律，就没有什么是可以挡在他们面前的。

中国人历来讲究自强，六经之首的《易经》首推乾卦，首句即说"天行健，君子以自强不息"。这是中华民族千百年来形成的最优秀的传统文化中的一部分，也已成为中华民族为明天为梦想而奋斗的精神动力，也是每个中华儿女在开始一件事情时最应该对自己说的话。

虽然开始是很困难的，但是只要有意念在，只要有自强不息的精神在，开始就不是那么令人恐惧，而是个人迈向成功的第一步，是一个民族一个国家走向繁荣富强的第一步。请记住，没有开始就没有成功，不要惧怕开始，任何事情的开始都意味着离终点和个人的成功越来越近了。每向前迈出一步，就会离成功更近一步，不是吗？

要想成功，就赶紧开始追求自己的梦想吧。

敢于承担失败和责任，做一个有担当的人

有谁敢说"我从来没有失败过"？恐怕没有人会这么说吧，即便是圣人，即便是伟人。失败是什么？失败就是一个人正在做的一件事没有收到预期的效果和成果。失败是挫折，失败是对人的打击，同时失败也是一场教育，是对人的提升——失败是成功之母。

失败是任何人在实现梦想的征途中都会遇到的问题，想要避免失败只有一个办法，那就是什么也不做，那样自然就没有什么失败可言了，当然也就不会有什么成功。人们在经历失败后的情况并不是完全一样的，有的人尽管经历了很多的失败，遭受了很大的挫折，但是总归有那么一天他会成为成功者；而有的人尽管经历的失败并不多，遭受的困难和挫折也并不是难以承受，但是在面对这些的时候，就会一蹶不振，甚至产生自暴自弃的念头，作出轻生的傻事，这实在是不应该的。

失败了，当然参与这件事的每一个人都有自己应付的责任。但是，失败了这已经是注定的事实，责任又由谁来付呢？有勇气承担失败的责任的人，注定是一个极富责任意识的人，在他的身上处处体现着责任这个意念。一个在失败后没有被打倒，相反却敢于站出来承担失败责任的人，这是一个何等有勇气的人啊！这是一个多么有担当的人啊！跟这样的人共事，恐怕是每个人心中的愿望，因为这种有担当的人注定会在这条路上取得成功。

世上没有一帆风顺的事，要是什么事情都容易做到，那么为什么那些获

得成功的人会备受世人的重视与追捧？为什么会有那么多的人为了获得成功而不惜牺牲生命作为代价？要是成功真是一件很容易的事，那么，这个世上岂不就全是大文豪、大科学家、大富翁了吗？还会有什么艰苦奋斗可言呢？

自古以来，从失败中走出来，敢于承担责任并获得成功的人比比皆是，像发明大王爱迪生，他一生共有一千多项发明专利。有人曾说过，他发明蓄电池的时候，一共进行了两万五千次的实验；在发明电灯的时候，他实验了几千种不同的制作灯丝的材料。

这是何等的坚忍不拔的精神啊！就是这种坚忍不拔的毅力，让他能够在成千上万次的失败中得到了那仅仅的一次成功。从失败中寻找原因，总结教训，是每一个成功人士的共同点。居里夫人不也是经过了上千次失败的实验，才成功提取到"镭"这一元素吗？假如没有前面的上千次的失败，哪会有更加接近和更加合适事实的成果呢？同样，假如没有成千上万次的失败，爱迪生又怎么会知道什么是最合适的材料呢？所以，成功是从失败中孕育出来的，不敢承担失败和责任，又怎么会知道自己错在哪里？又怎么会奋发图强呢？

失败是什么？这个问题看似简单，但它却是一个让很多人想破了脑袋都弄不明白的问题。关于如何看待眼前的失败，关键还是取决于一个人的意念。一个有着坚强乐观的意念的人，就会把失败看作对自己的考验和成功的前奏；而没有这种意念的人总是视失败为洪水猛兽，一旦遇到就怨天尤人，没有半点面对的勇气，就更不必说克服困难，并将困难看作成功之母了。可见，在人的一生中，能够起到重大作用的还是意念，虽然这只是一种精神的存在，但这种精神却有着十分巨大的力量，能够推动自己向着理想而奋斗。所以说，要改变命运，首先要从改变意念开始，让自己有勇气来面对困难，让自己从内心中消除对困难和失败的恐惧，面对眼前的失败，再从中寻找失败的原因，总结经验。相信总有一天，失败会成为一种财富，成为以后面对困难时的预防针。

卧薪尝胆的故事在中国可谓家喻户晓。春秋时期，吴王阖闾被越国打败，其后继者吴王夫差在一次战斗中将越国打得溃不成军，大将军阵亡，越王勾践险些被俘，于是主动向吴国投降。在吴国的那段日子里，勾践忍受了巨大的屈辱，亲自为吴王驾车，甚至舔吴王的粪便。回到越国后，依然是保持一种艰苦奋斗的作风，与民休息，全科农桑，越国经济和军事实力得到了巨大的发展。终于在最后的一战中，打败吴国，成了春秋时期五霸中最后一个霸主。

　　这是一个在中国流传甚广的故事，勾践在失败后，并没有灰心丧气，失去斗志，而是勇于承担失败的责任，自己则甘愿做吴王宫中的奴隶，以惊人的意志和坚强的毅力，忍受了常人难以忍受的耻辱，使得吴王放弃了杀掉他进而再灭亡越国的打算。勾践回国后，也没有因为自己获得了自由而放弃自己的志向和目标，而是努力发展生产，增强经济和军事力量，将那次的失败看成是最好的老师，立志一定要报仇雪恨，这才有了卧薪尝胆的典故，才有了那副著名的对联："有志者，事竟成，破釜沉舟，百二秦关终属楚；苦心人，天不负，卧薪尝胆，三千越甲可吞吴"。勾践，这是一个何等有担当的人啊！越有此人，其事必成。

　　从以上所提到的几个成功的典范中，是不是看到了失败并没有想象中的那么可怕和不可战胜？其实，在那些真正有志向的人，在那些立志干成一番事业的人看来，失败是在所难免的，并不应该去刻意回避它——当然也是不可回避的，而是应该以积极的心态去面对人生道路上的每一次失败，将失败看成是一种尝试，至少自己知道了这条路走不通，或者这个办法不适合做这件事，这也算是一种直接的经验，让自己以后不会再出现这种问题。同时，失败也是成功之母，不经历一次一次的失败，哪里换来那一次辉煌的成功呢？再者说了，没有经历过失败的人，怎么会知道成功的珍贵和来之不易呢？

　　一个人如何看待失败和挫折，反映出这个人的心胸和胆识，是一个人是否成熟的标志。在失败中，不气馁，不灰心，勇于承担失败的责任，用意念让自己学会在失败中得到坚强，让自己在失败中获得成功的希望。失败时，不要逃避，不要推卸责任，要勇于承担起应有的责任，做一个有担当的人。

只有做一个有担当的人，才会明白这样一个道理：失败来了，成功还会远吗？

以自信的态度
展示领导力量

有句话说得好，相信自己，就是成功的一半。请试着想想，自己年轻的时候，是不是曾满怀壮志地对大地说："自己一定能行！"是不是曾壮志凌云地对着远处的白云呼喊："自己可以的！"可是当一个人长大后，学识丰富了，见识渊博了，经历的事情多了，烦恼也多了，在这个时候，不知道还有谁会记得这些曾经的壮怀激烈，不知道还有谁会记得当年那些豪言壮语。

那仅仅就是一句豪言而已吗？那仅仅就是一时的雄心而已吗？如果一个人只是把这些当作了一时的冲动、一时的豪情，那么他这一辈子是不会有什么真正的成就的。这是因为他没有把自己当作一回事，对自己是极不负责任的态度。对自己没有信心，把自己的雄心壮志当作一时的玩笑，把自己的抱负看作是一种笑料，那么还会有什么在他的一生中是认真的呢？这个人还有什么资格来相信自己呢？

所以，不管在做什么事情之前，都得让自己拥有充足的自信，让自己信得过自己，也让自己有充足的理由来信任自己。这才是成其大事的先决条件，也是一个人能够让别人相信的理由。这样才能散发出一种强大的能量，让身边的人都能感觉到自己的存在，使自己有更多的成功的机会。

麦修·阿诺德曾经说过："一个人除非自己有信心，否则不能带给别人信心；已经信服的人，方能使人信服。"这句话就道出了这个世上一个普遍的真理：相信自己，才能让别人相信。在做任何事之前，首先要让自己相信自己，从自己的内心里坚信自己一定可以做到，只有这样才能做好这一件事，才能让他人相信自己是一个值得相信和托付的人。

琴纳是生活在两百多年前的一位医师，那个时候人们还没有发现有效的接种水痘的方式。琴纳通过自己的努力发现，人可以通过接种牛痘来预防天花的方法。但是，这种简便的方法在当时并未受到世人的认可与看重，有的人指责他把人当作畜生，有的人建议剥夺他的行医资格，也有人呼吁把他开除医学会。面对这些来自世俗社会的压力，琴纳从没有退缩过。他坚信自己一定是对的，他对自己有着充分的自信，认为这将是未来社会人类的福音。就在与各个医学家辩论的同时，他对自己的看法也一直没有怀疑过，并且从各个方面证明自己是对的。就是这份难得的自信，让他把自己这个对未来社会的福音延续了下来，为现在的人类创造了一个安宁的生活环境。在这个问题上，琴纳一直对自己充满了自信，就在他的不断坚持和努力下，最终为科学实验所证明，成了饱受世人好评的伟大发现之一。最终，在琴纳的坚持下，这一广为世人赞誉的科学发现，得以流传下来，成了真正的福音。

正是由于琴纳的自信，他发现了自然界中一个著名的医学现象，开启了免疫学的大门，为现在的人类带来了巨大的福音。可见，自信成就了琴纳。正是由于他对自己的信任，不仅给自己带来了他人和后世的尊重，并且在很大程度上为整个人类做出了重大的贡献。

要让自己做成一件事，在所有重要的要素中，最重要的就是要让自己相信自己，因为这不光是对自己，更是对他人造成很大的影响。要知道，自信可是一种强大的意念，它的存在，不仅能让自己在自己的事业中取得成功，更能够影响到他人，在他人的事业中也会起到重要的影响作用。这就像一种磁场能够吸引周围的物体一样，这种意念也会具有这种吸引力，就是在无形中产生一种能够影响他人的力量，让自己和别人都能够获得成功。

被人们亲切地称为菲尔博士的美国第一心灵励志大师皮克·菲尔先生，就是一位以自己的能力来影响他人的成功者。他自己就是一位十分相信自己的成功者，同时他认为，每个人都应该有充分的自信。在他看来，每个人都有吸引力，不仅能够让自己在实践活动中获得成功，更能够靠着自己的这份自信和努力来影响更多的人，他自己就是一个典型的实例。

皮克·菲尔凭借着对自己的自信，在对自信的研究和推广过程中，认为自己的活动一定能够获得成功，结果也证明了他的这份自信，让他获得了来自全球的赞誉，成了一位名副其实的励志大师。同时就是他的这份自信，也影响了大量的人，今后也将会影响更多的人。他的成功来自相信自己的成果，相信自己能够使更多的人走出阴影，同时也是这个研究和努力，让大量的人重新找回了信心。菲尔博士倡议并主持推广的训练课程（"每个人都有吸引力"运动），使全世界1600万人从中受益，通过他独特的训练课程找回了自信。同时他还曾在美国多所知名大学以及电台和电视台发表演讲，并在华盛顿、纽约、旧金山等城市开办了多个训练中心。他的努力和对个人自信意念的培养，对帮助人们实现心理上的强大和精神上的成功，提升无数人的人生境界起到了巨大的作用。

这就是一个典型的凭借着自己的自信来影响他人的事情。他在进行这种励志的训练活动中，首先要做的是让自己的努力值得相信，要让自己有充分的理由来相信自己，凭借着这个活动一定可以让自己获得成功。这是无论什么人在做什么事情之前都应该有的一种精神状态。如果没有这种让自己相信自己的精神状态，那么首先就会让自己在做事之前就失去了自信，也就不会做成任何事情。同时这种对自己的充分信任，也让他人看到了自信的力量，在一定程度上对他人的事业也会起到相应的影响作用。这种影响作用就集中体现在榜样的力量上。为什么全国都在寻找道德模范？这就是要让全国人民都看到这种榜样，并以此为目标向着这个方向而努力。自信也是一种榜样。

那么，自信是怎么来的呢？是什么让自己值得信任呢？这里有两个重要的因素，一是意念，二是艰苦奋斗。意念给人一种激情，给人一种坚持的力量，也会给人一种信念。自己总是在心里告诉自己，这个世上就没有自己做不成的事情，只要自己能够再坚持一下，信念再坚定一点，不管是什么样的事情都可以做成，不管是什么样的困难都可以克服。所以，意念给人的是一种精神上的鼓励与支持，是让人能够完全发挥出一个人的主观能动性，将梦想变为现实。艰苦奋斗是梦想变为现实的基础。一个人光有雄心壮志是远远不够的，这必须有艰苦奋斗的行动。梦想终究只是自己的想法，是一个人思维意识中的东西，并不是现实存在的实际，只有在意念的激励和支持下，靠着自己一点一滴的辛苦劳作，靠着自己日复一日的艰苦奋斗，梦想才能够变成现实。所以说，意念和艰苦奋斗是不可分离的两个方面，是一个人实现梦想的左右手。现在再回到刚才的那个问题，人为什么相信自己一定能行呢？就是因为有了这两个因素，不管是在精神上还是在实际的行动上，都有了让自己相信自己的充分的理由。凭借着这两个因素，不管是什么人，不管所从事的事业有多么的艰辛，都会有充足的理由相信自己一定能行。

自信是一种十分强大的力量，不光能够让自己成功，同时也能够在一定程度上影响他人。只要有了坚持、乐观、坚韧等品格为代表的意念和艰苦奋斗的行动，就一定会让一个人有充足的理由相信自己一定可以成功。同时，具备这些的人，也就离成功的彼岸不远了。

第五章

意念塑造完美的人格与气质

意念这种精神上的无穷的力量，不仅能够帮助一个人适应各种环境，承受各种挫折和打击，战胜人生中的各种困难，更重要的是，意念的力量还能为一个人塑造完美的人格与气质。

人格与气质不是天生的，而是在后天的实践中，通过不断的学习和领悟来塑造的。要塑造一个完美的人格与气质，就必须发挥意念的力量，在意识的层面，就应该树立塑造完美人格和气质的意念，用意念的力量为自己塑造一个完美的人格和气质。除此之外，一个人良好习惯的养成，也应该重视和发挥意念的作用。可见，意念的作用在一个人的一生中，不仅仅在于成就事业，而且在一个人人格和行为习惯的培养中一样发挥着重要的作用。

用意念提高自己的情商与逆商

有人说"智商、情商和逆商是人生和事业山峰的三个层次"，智商是最底层的，情商是高一层次的，智商与情商共同组成了人生和事业山峰的基础，而逆商则是更高一层的要求。可以说，只要具备了智商与情商，一个人就可以攀登人生和事业的高峰，但不一定能够成功。而一旦有了一定的逆商，那么成功的顶峰对你来说，就不再是梦想了。

这话说得很有道理，它说出了智商、情商和逆商这三种素质对于一个人的不同层次的作用，很形象地说明了这三个"商"的意义所在和它们分别所扮演的角色，以及对一个人的人生和事业的成功所应有的作用。

智商，也就是智力商数。它是人们认识世界和各种客观事物的能力，同时又是人们运用知识和经验解决问题的能力。通常所讲的智力包括了很多方面的内容，比如分析判断力、思维能力和应变能力等。一个人的智力往往是一种客观的存在，不随人的意愿而改变，智商往往是一个客观的概念。因此，意念对于智力的影响远不及意念对情商和逆商的影响大。

情商，又称为"情绪智慧"或"情绪智商"，又或"情绪智力"。一个人的情商可以扩展为五个主要领域：了解自身情绪、管理控制情绪、自我赏识与激励、识别他人情绪、处理人际关系。情商对一个人的意义就在于了解自己、控制自己，并且学会识别他人的情绪来处理好人际关系。

情商对一个人的影响主要体现在以下几个方面：

一是自知。自知就是能准确地察觉、意识和正确地评价自己和他人的情绪情感及其变化，并能够准确及时地察觉出自己和他人的情绪情感的变动，并能够分析出产生这种变化的原因和这种变化带来的影响。不仅如此，还要分清环境，明确环境与情感情绪变化的相互关系。

二是自控。简单地说，就是自我控制，就是能够主动地调节、引导、控制和改善自己和他人的情感和情绪，让自己摆脱不利于当前情况的情绪，让自己拥有适应当前情境的情感情绪，使自己能够积极地应对危机，并且让自己增强实现目标的意念。

三是自励。自励就是自我激励，利用自己对情绪的控制，通过整顿控制情绪，使自己增强对目标的注意力，调动自己的精力和活力，为自己确立适当的目标，并激励自己为实现目标而努力奋斗。

四是通情达理。通情达理就是能设身处地地考虑他人的感受和心理，理解不同的人对于同一件事的不同看法和感受，并深切地去体会他人的行为动机和目的。站在他人的立场上考虑问题，才能放下自己对他人的成见，理解并支持他人的某些做法，这才是与人为善的真正做法。

五是和谐相处。和谐相处就是能正确地处理好人际关系的问题，达到与他人和谐相处的目的。现代社会中，由于专业分工越来越细的原因，人们之间的相互协作变得越来越重要，人与人之间需要信赖、尊重和协作。只有这样才能形成强大的团队实力和竞争力，以此实现团队和个人的目标。

由此可见，情商对一个人来说，是非常重要的一项素质。但是归根结底，不管是从情商对一个人的影响，还是情商发挥作用的方式来讲，情商是一种意识层面的东西，就可以用调节意念的方法来提高自己的情商。这就要发挥意念的作用，用意念来调节自己的心理意识，来提高自己的情商。第一，反思与接纳。时常的反思，就意味着从另一个角度来看待自己的所作所为，这样就可以对自己的行为有个"事后"的认识，对今后的行为有很重要的警示作用。别人的警告和劝诫也是认识自我的一个很好的途径，人们往往会出现"当局者迷，旁观者清"的情况，所以别人的话对自己来讲是一面镜子，可以让自己更加全面地认识自己。第二，充分发挥自我控制的意念，强化自己对自己的"自我控制"，这就需要很强大的意念才能做到，因此，意念的力量在这里就显得更加重要。要让控制的力量真正在自己的心中发挥应有的作用，时刻记得不要太放纵自己。第三，当面临重大使命或困难的时候，就需要对自己进行激励和心理暗示。这同样也是一种很强大的意念，是一种让自己充满自信的意念，用这种意念就会发现自己比以前更加自信了，对实现目标也更有信心了。第四，时刻牢记"设身处地"和"与人为善"这两个要求，并时时刻刻要求自己按照这个要求和标准来做。当自己真正做到了这两点，善良的意念的作用也就发挥到了极致，自己也就能够很轻易地跟他人和谐相处了。

逆商，一般被称作挫折商或逆境商。它是指人们面对挫折、身处逆境时的心理变化和反应能力与方式，即面对挫折的态度、摆脱困境和战胜困难的能力。逆商对一个人的事业和人生有着比智商更加重要的意义。心理学家认为，高智商、高情商和高逆商这三个因素是一个人事业成功、人生幸福的必需条件。在众人的智商都相差不大的情况下，逆商对一个人事业的成功和人生的幸福能够起到很大程度上的决定性作用。大量事实和研究资料显示，在市场和社会竞争日趋激烈的当代，一个人的事业成功与否，不仅取决于一个人是否具有丰富的市场信息、高超的技术水平和优越的管理才能，而且在更大程度上取决于这个人面对挫折时的态度以及摆脱困境和战胜困难的能力。因此，现代社会的职业教育和人生指导，应该把人的逆商培养作为着力点，积极进行个人的逆商培养，使自己在逆境中、在挫折面前，具有相应的思维能力和反应能力，并有足够的承受能力，增强自己战胜困难的意志力和摆脱困境的能力。

逆商，是一个人承受挫折和磨难的能力，是一个人能够从失败中再次站起来获得新生的能力。在现代社会，逆商显得越来越重要。因此，每一个希望能够获得成功的人，都应该培养自己的高逆商。说到底，就是一个人承担失败和挫折的心理承受力和东山再起的能力，因此，作为意识层面的意念就有义务也有能力来为自己提高逆商。说得简单一点，就是让自己经得起打击，并有东山再起的能力。应该发挥意念的作用，从点点滴滴开始，提高自己的逆商。

让自己学会坚持不懈，让自己变得如铁似钢，让自己经得起一切的失败和打击，让自己的内心无比坚强。或许这个时候，一颗乐观的心会比一大笔钱对一个人的作用更大。就像可口可乐的前总裁古滋·维塔，这位逃离古巴来到美国的古巴人，在40年内不但能够领导可口可乐公司，还让这家公司的股票在他退休时增长了7倍！可口可乐的整体价值增长了30倍！"一个人即使走到了绝境，只要你有坚定的信念，抱着必胜的决心，你仍然还有成功的可能。"这就是这个坚强的古巴人一生的写照。高逆商在古滋·维塔的身上发挥了重要的作用，他的一生经历了无数的磨难与坎坷，但他一次又一次地战胜了它们。他的这种强烈的高逆商是怎么来的呢？是意念的作用，是那种永不言败的意念，是那种坚持不懈的意念，是那种坚定的信念和必胜的决心，这都是意念带给他的。因此，意念在一个人的心理成长上，具有不可替代的作用。

因此，不管是什么人，在什么样的条件下，都应该学会了解自己的心理，明确自己的感情和情绪，学会正确地处理自己的情绪和他人的感情变化；都应该时时刻刻保持一种坚持不懈的意念，一种永不言败的意念，一种坚定的信念和必胜的决心，充分发挥意念的作用，提高自己的情商和逆商，在这个竞争激烈的现代社会有自己的一席之地，获得一个更加丰富更加广阔的人生。

意念见证
完美性格的塑造

一个了解意念作用的人，就应该懂得意念对一个人的事业成败有着某种程度上的决定作用，并且能够通过各种途径和方式造就和发挥意念这种强大的力量。但是，对于一个人的性格，意念有没有作用呢？这个作用到底有多大呢？

一个人的性格是好是坏，这个问题在大家的心中似乎都有一个标准。平易近人、和蔼可亲、乐观开朗、充满善意等，这一系列的标准，似乎都在向大家展示一个完美的性格。但是，一个人怎样才能拥有这样完美的性格呢？这里就还要发挥意念的作用，让意念为自己塑造一个完美的性格吧。

首先，通过一个故事，来了解意念是如何塑造完美性格的。皮克·菲尔博士曾经进行过一个十分著名的"微笑试验"：

皮克·菲尔博士和塞纳教授进行了一次多达200人的培训活动，这次活动的目的就是要他们懂得微笑对于人生的意义和在人际交往中的重要作用，发现并且确信，微笑可以帮助他们创造一个完美的性格，明白自己能够在很多地方变得更好，尤其是在性格方面，以及由此产生的别人的尊重。总的来说，这次试验就是要让他们明白意念——诸如微笑这种常见的意念——能够造就一个完美的性格，能让他们树立起自信和感受到来自别人的尊重。

这次试验的要求是，参与者必须站到人来人往、车水马龙的街头，对着来来往往的陌生人报以最真诚的微笑，请求他们能够给自己一件微不足道的小礼物。当然，向路人提出的请求并不是简单的索取，因为如果能够成功获得路人的礼物，除归还这件礼物外，还将附送一件神秘礼品，以答谢路人的帮助。看谁能在最短的时间内取得最大的成功，成为这个游戏的冠军。在这次的试验中一名陈姓女士获得了冠军，她只用两分钟就成功了，并在半小时的活动时间内，赢得了9位陌生路人的形形色色的礼物。

然而以前的陈女士却并非如此，据菲尔博士讲，以前她的性格可不是这样，简直就是糟透了。以前的她就像是天生不会说话的人那样，天天总是低着头，沉默寡言，跟别人没有任何的交流，更不用说是主动向他人讲话。她在平常的生活中，表现得非常局促，办什么事情总是十分紧张，唯恐说错了话，做错了事。走路的时候，总是唯唯诺诺，非常小心。这样的性格使得任何人都很难与她进行正常的交流，同时这种性格也给她自己带来了不少的烦恼。其实她长得十分漂亮，是一个外表非常清秀的姑娘，但是她性格十分冷淡，总是不跟人讲话，待人总是冷冰冰的，所以就像一个冰山一样，拒人于千里之外。

这个时候，就必须用到意念的力量了。一个很简单的意念——微笑。微笑的意念，传达出的是一种友善的心态，是一种渴望与他人交往的激情，这种意念恰恰是她这种性格的克星。这个问题或许正是很多人最感兴趣的，微笑是什么？它怎么可以帮助大家塑造一个看起来近乎完美的性格呢？答案就在于大家需要充分地理解微笑的真正内涵，大家应该首先乐观地看待这个世界，而不要总是眉头紧锁，好像天天要发生什么重大的事情一样，不要总是将自己封闭在密不透风的世界里。微笑就是人与人之间的互相尊重，当大家见到别人的时候，是不是应该面带友善的微笑呢？当有人对自己夸奖称赞的时候，自己是不是应该回报以应有的礼貌和感谢呢？

就在接下来的生活中，陈女士感受到了微笑的意义和内涵，并努力地跟自己身边的亲人和朋友交谈，每个人都能感受到她在用最大的诚意来面对别人。她有着漂亮的外表和一颗真诚善良的心，人们被她的诚意感化，大家都愿意跟她一起交谈，这座"冰山"正在逐渐地融化。不久之后，她就有了最灿烂的笑容。她的性格跟以前完全不一样了，内心也变得热情与开朗了，就好像变了一个人似的。先前那个不可接近的人，仿佛已经消失了，现在展现在人们面前的是一个积极主动、乐观善良的美丽姑娘，人们都体会到了她身上那种迷人的性格的感染力，仿佛现在每个人都愿意与她交往，跟她做朋友。

这就是这种微笑的意念的力量，大家拥有这种微笑的意念，还会怕自己的性格不好吗？还会怕不能与人们有好的相处吗？还会怕自己不能获得来自他人的尊重吗？不！看看上面提到的这位陈女士，她从一个性格冷淡、为人冷漠、难以相处的冰美人，变成一个乐观开朗、善良且富有激情的美丽姑娘，是什么在其中起到了关键的作用？是微笑的意念，是微笑让她造就了一个完美的性格，让她乐于与人接触，让她更容易地获得了别人的关注和尊重。因此，大家有充分的理由相信，微笑的意念能够改变一个人的性格，让一个人从原来的冷漠，变成一个善良热情的人。同时，大家也应该有理由相信，除了微笑以外的所有正面的意念都可以帮助自己造就一个完美的性格。

那些性格忧郁，总是闷闷不乐的人，应该多看一些快乐有趣的文学作品以及影视作品等，从中汲取快乐的因子，让自己尽快有一个快乐起来的意念，改变自身的忧郁，放弃那些让自己紧锁眉头的烦心事，做一个快乐的人；那些性格懦弱，在困难面前总是想退缩的人，就应该多读一些或者多看一些勇敢地面对人生、直面生活中惨淡人生的故事，从中吸取勇敢的因素，让自己拥有一个勇敢的意念，改变自己那种胆小的性格，勇敢地面对困难和磨难，让自己成为一个勇敢的人；那些性格不够坚强，承受不了失败和打击的人，就应该多读一些名人传记，但凡名人都是一些在失败和打击中逐步成长起来的，他们都曾有过经受失败的经历，从他们的故事中学到如何坚强，如何面对人生中的失败和打击，让自己尽快坚强起来，造就一个坚强的性格……这种靠意念的力量来实现自己性格的转变和提升的可能性有很多，就看一个人是否能够在纷繁复杂的社会环境中找到这样的机会，有没有一颗发现美的心。

意念，完美性格的塑造者，在今后的生活中，将一如既往地发挥着它重要的作用，为人的生命添加更加美好的花朵。

意念帮你形成
良好的习惯

习惯，就是一个人平常想问题、办事情的时候，经常性的思维和行为，具有出现频率高、持续时间长以及意识中的默认等集中特点，是一个人经常性的想法和举动。一个良好的习惯，对于正确地思考问题和处理问题有着重要的作用。正确的习惯不仅是一个人有教养的表现，它还体现出一个人优雅的举止，丰厚的文化内涵。更重要的是，良好的习惯是一个人安身立命的资本，是一个人能够更好地生活在世上的一个重要的保证。英国著名女作家查·艾霍尔曾经说过："有什么样的思想，就有什么样的行为；有什么样的行为，就有什么样的习惯；有什么样的习惯，就有什么样的性格；有什么样的性格，就有什么样的命运。"由此可见，习惯对一个人的性格甚至是命运都有着至关重要的作用。

习惯是一个人经常性的举动，这种举动往往会是一种下意识的，有的时候就连自己也很难觉察到有什么问题。所以，为了养成一个良好的习惯，就必须发挥意念的作用，提高警惕，时时刻刻注意自己的言行举止，克制不良的习惯，自觉养成良好的习惯。

但是，这里有人就会产生疑问了，为什么意念能够帮助一个人形成良好的习惯？这就要首先了解习惯的本质内涵和来源。

从本质上说，习惯是一个人经常性的行为和思维。它有几个重要的来源：一是由于经常接触到某种状况和环境，自然而然就适应了这种状况和环境。二是在长期的社会生活中养成的经常性的、被众多人所接受的在短时间内改变的生活方式、社会风尚等。三是指日常生活中保持不变，经常维持相对稳定状态的部分。四是从当前环境中产生出来的，由于经常性地重复，一而再再而三地重复出现，重复同样的动作，重复同样的思维模式，导致人们心中形成了某种固定的模式，这种模式一旦形成，就很难再改变了。五是一种心理路径，在人们想问题办事情的时候，总是经由这条路，就像长时间走一条路一样，久而久之，这条路就在人们心中深化了，当人们每经过它一次，就会使这条路更深化一些。这样一来，人们的思维和行动就成了一种固定的模式和路径，习惯就养成了。

习惯同世间的一切事物一样，都有两面性，有好的习惯，也会有不好的习惯。好的习惯如同驾车时的轻车熟路，遇到什么问题自然就会有什么样的解决办法，只要让一种优秀的习惯成为思维的主宰，那它就会为人们提供不同凡响的帮助。而坏习惯只会把人的发展带向歧途，坏习惯的养成就好比是纺纱，一开始的时候，一个不良的举动，一种恶意的想法，就只是一条细细的丝线，但是随着不良举动的增加，人们总是在不断地重复相同的恶劣行为和想法，这就好像在原先那一条丝线上又不断缠上了一条又一条的丝线，最后所有的丝线就变成了一条绳子，就像茧一样，牢牢地把人们的思想和行为困住，让人的意识呆板、思维凝固。长期的重复性行为导致人产生惯性思维，不管是什么样的问题，都会往一个方向思考，从而严重影响人们的事业和生活。

习惯是一种在后天的实践中逐渐养成的行为和思维方式，因此什么样的意念，就会养成什么样的习惯，由错误的认识养成的习惯可以把人带进歧途，由智慧养成的习惯却能成为人的第二天性。因此在实际的生活中，必须高度重视习惯的养成，必须充分认识到意念在习惯养成上的作用，用意念为自己造就一个良好的习惯。

要养成一个良好的习惯，第一，必须从意识的层面认识到养成良好习惯的重要性和必要性，这就是要发挥意念在这个问题上的作用，从内心深处充分认识到良好习惯的意义和必要性，增强自觉培养良好习惯的紧迫感和自觉意识，要时不时地提醒自己今天的所作所为是否合乎要求，有没有不适当的言行举止，是否有什么不合时宜的习惯等，一定要意识到培养良好习惯的重要性，强迫自己养成一个良好的习惯。

第二，要养成良好的习惯，还必须进行这种习惯的可行性分析。因为从某种意义上说，培养一个坏的习惯很容易，但是要克服一个坏的习惯，培养一个良好的习惯是人一生中最难的事情，却又是对人生最有意义和价值的。因此，一个人要想培养一个良好的习惯，在他开始行动前，对这个习惯的可行性分析是很重要的。这样一来，这种良好的习惯就是建立在理性与科学的分析基础之上的，是有较高的可行性和可操作性的。否则，要强迫自己建立一个自己无法实现的习惯，那是不可能的，而靠头脑的冲动建立的习惯，也是朝三暮四，根本坚持不下去的。因此，这里就必须利用理性的思维，充分发挥理性的意念，做好行动前的理性分析，这样才可以保证不会半途而废。

第三，要培养好的习惯，就必须做到统筹兼顾，各个击破。大家可能都知道，人的习惯其实是一个十分庞大而又复杂的系统，有心理层面上的，有行为方式上的，还有外来影响方面的，它像一棵大树，有树干、树枝、树叶等各个部分。它的内容又是多样的，它可以是工作上的习惯，有时又是健康方面的或者是感情方面的习惯，同时又有可能是与人相处方面的各种习惯，又或者是思维方式上的习惯。因此，当一个人确定要建立一种习惯的时候，照这样就可以分清主次，一步一步地，有步骤、有计划地进行。但是也应该看到，不管什么样的好习惯都不是轻而易举就可以养成的，因此，人们一定要有规律地、有意识地，循序渐进、由浅入深、由近及远地进行，切不可急于求成。因此，从一开始就应该遵照规律，有意识地进行培养，另外，还要适当地接受外来的品质和要求。意念在这里的作用，就会更加明显了，尤其是在培养计划的制订和有意识地进行培养的时候，更要用意念的力量来要求自己，培养起良好的习惯。

第四，要有一个良好的开始。常言道："万事开头难""好的开始是成功的一半"，良好习惯的培养过程也是一样的。一种习惯的培养最重要的就是开始的一个月时间，因为美国科研机构的研究成果显示，一种习惯的养成一般需要经过21天的时间，经过90天的重复之后，就可以形成稳定的习惯了。没有开始就没有成功，因此，用意念的力量为自己开始一个良好的开端，这就是成功的一半。勇于开始的意念，就是成功的开始。

第五，不断地重复，坚持不懈，直到成功。美国著名教育家曼恩说："习惯像一根缆绳，我们每天给它缠上一股新索，要不了多久，它就会变得牢不可破。"习惯的养成就在于重复，从习惯的本质和来源来看，习惯就是靠重复建立起来的。但是，不断地重复，坚持不懈地进行下去就需要有坚韧的毅力，这就不是一般人可以做到的了，这就需要有一个坚韧的意念，只有具有了坚韧的意念，才可以获得坚韧的毅力，只有靠坚韧的毅力，才可以实现对某种习惯的不断重复，同时就可以实现坚持不懈地增加新习惯的牢固程度，就可以在习惯之上不断加上一道道"新索"，就可以使新建立起来的习惯愈加牢固。

从以上几点建立新的习惯的方法来看，没有一点是可以脱离意念的作用的，不管是认识到好习惯的重要性和紧迫性，还是具体的做法上，都应该发挥意念的作用，让意念帮助人们认识到建立良好习惯的重要作用，以及建立良好习惯的紧迫性，同时，又应该发挥意念的作用，让自己意识到什么是好的习惯，并在实际中严格要求自己，努力养成一种良好的习惯，坚持不懈，就一定能够造就一个良好的习惯。

爱与责任，让自己
得到尊重与信任

爱与责任，是一个人幸福的源泉，要懂得发现它，让自己得到他人的尊重与信任，收获一份属于自己的幸福。爱与责任，是人性的光辉，闪耀着中华文化的光芒。

中国的传统文化尤其是诸子百家，实在是内涵丰富，不光有治国平天下之道，也有为人处世之理，更有人性的思考。现试举其例，《荀子》中讲到人性本恶，说人性中有很多恶的道德因素，因此才凸显出教育的重要作用；与之不同的是，《孟子》中也提到过人性的东西，说"人皆有不忍人之心"，其意思就是说人性本善。性善可以通过每一个人都具有的普遍的心理活动加以验证。既然这种心理活动是普遍的，因此，性善就是有根据的，是出于人的本性、天性的，孟子称之为"良知""良能"。"仁"的思想是孔子的重要思想，在解释什么是"仁"的时候，孔子说"仁者爱人"。这也是对爱与责任的最好诠释。爱就是关爱他人，责任就是要对人有所付出，简单来说，就是与人为善，仁者爱人。

与人为善，就是方便自己，正是为自己促成一个热情的意念，这是一种为人处世的智慧，因为关爱他人并能够为他人所付出的意念是自己事业乃至人生走向辉煌的一个重要因素。

蔺相如因机智敏捷而帮助赵王脱险，回国后加官升爵位居大将廉颇之上，招致廉颇的不满，廉颇放言要当面给他难堪。位居高位的蔺相如没有面斥廉颇的不敬，反而在路上碰到廉将军时主动让路。此宽容之言传至廉颇耳里，让廉颇羞愧难当，以致负荆请罪，上门道歉。蔺相如以其与人为善的意念和高贵品质，促成了其勇于承担国事的责任意念和不计前嫌关爱他人的爱的意念，使自己赢得了廉颇的尊重与信任，后来二人成为生死之交，酿就了传颂千古的和谐将相关系。

心胸宽广的名君李世民，面对敢于冒犯君颜的谏议大夫魏征，常怀与之为善的意念，虚心采纳净谏。在这种责任意念的推动下的魏征，敢于直谏，常常令唐太宗颜面扫地。但是正是这份君臣之间的爱与责任，使得君臣和谐相处，不仅创造出彪炳史册的"贞观之治"，更营造了传颂千古的君臣和谐关系。

大度宽容的蔺相如、心胸宽广的李世民和一片忠心的魏征，无不在为人处世中与人为善，关爱别人，为自己促成了一个热情的意念，使周围的人时刻感觉到一种犹如春风拂面的舒适感。同时，他们都极具责任意识，勇于承担自己肩负的责任，最终赢得了他人的尊重，成就了伟业。人生之路漫漫，大家要始终坚持与人为善的原则，坚守心中的爱与责任，创造一种热情和负责任的意念，才能造就和谐的人际关系，让自己获得他人的尊重与信任。

与人为善是一种最明白的爱与责任的意念，就上面提到的各位伟人的事迹中不难得出这样的结论：爱与责任的意念促成了热情和负责任的意念，融洽了人与人之间的关系，让自己得到了他人的尊重与信任，为事业和人生走向辉煌提供了条件和机会。那么，该如何做到爱与责任呢？其实很简单，就是要在生活中善待他人，承担责任。在对待他人的问题上，多一点谅解、宽容和理解，少一点苛求与责难；多一点爱心，少一些冷漠；多一些欣赏，少一点刻薄，这就是一个很简单的问题。能够看见别人的优点，并能够欣赏它、赞美它，这是一种怎样的心境啊！永远心怀爱与责任的意念，大家才能让自己永远保持一种乐观开朗的心态。只有这样做的人，才会有健康的心理和良好的精神状态。与人为善，自己的人生之路就会宽广得多，如果大家都可以做到这一点，就没有那么多的狭隘心理，大家都可以在人生的道路上越走越宽，也就会在轻松的氛围中实现自己的梦想。

爱与责任是一种广博的心胸，同时也是一种人生的智慧，但是在很多的时候和很多的地方，这种爱与责任的意念能够比智慧具有更有力的力量。有很多的东西并不是仅仅凭借智慧就可以得到的。就像人与人之间的感情，如果在这个问题上只有满脑子的智慧，往往会被别人说成是城府很深，反而不能得到自己想要的那种感情。在这种情况下，不如适当地"犯傻"，让自己不要总是显得那么聪明，这样就不会聪明反被聪明误了。而在这种情况下，往往就会得到自己希望得到的那种真挚的感情。这也算是一种额外的收获吧。

可是在现实生活中，有些人不那么讨人喜欢，甚至会走到四面楚歌的地步，主要原因不是他们的错，也不是别人有意要跟他们过不去，而是他们在与人相处的时候总是自以为是，随意指责别人的问题，人为地为自己制造许多矛盾。只有与人为善，严以律己，宽以待人，并且能够勇于承担属于自己的责任，才能够与人和睦相处，创造良好的人际关系。在很多时候，你怎么对待别人，别人就会怎么对待你，你对别人负责，别人也会对你负责，这就是要告诉大家，要以爱与责任待人。在你困难的时候，别人也会因为你的爱和责任感而主动来帮助你。

其实，爱与责任只不过是一种人生的态度而已，并不是为了得到别人的回报，更多的则是为了让自己的生活中拥有更多的快乐和善意。爱与责任其实是很容易的事情，并不需要刻意地做什么，只要能够以一颗平常之心来对待自己，对待他人就足够了。每一个人在工作和生活中都是要实现自己的价值的，而能否为自己创造一个良好的人际关系，为自己的成功创造良好的外部条件，其实在很大程度上都来自你是否能够善待他人。

爱与责任是一种高尚的品德。有了这样的情操，人们的行动才会有标杆，理想的实现也就有了精神上的支柱。爱与责任也是一种自信的表现。无论生活在什么情况下，就算是遇到再大的困难，也能应对自如。爱与责任是一种伟大的力量，在很多情况下，具有改变世界、创造未来的力量，并且在人类的历史上也曾经发挥了重要的作用。

"勿以善小而不为，勿以恶小而为之"，千百年来，这是中国人对于善恶的最恰当的理解。这句话充分说明了即便是再小的善念，也要去做，不要因为小而不做，往往就是因为这种看似很小的善念，会给人带来意想不到的收获。其实，爱与责任就是一种很简单的为人处世的态度与方式。即便是小小的一个善念，也会得到他人的回报，正所谓"受人滴水之恩，当思涌泉相报"，也就是这个道理。

因此，大家在现代社会积极倡导以爱心和责任来对待他人，这不仅仅是道德的要求，更因为这种爱与责任的意念可以使一个人的思想境界和精神面貌得到进一步的提升，可以让人拥有一种热情的意念，融洽人与人之间的关系。只有具有了爱与责任的这种意念，才可以让人拥有一个热情善良的意念，才会使大家的生命变得丰富多彩，才会使这个世界变得更加具有人情味。

要有独立的人格，
先让意念和思维独立

　　社会上，每一个人都是一个独立的生命个体。人是为什么而活，人生的意义和价值在哪里？这是一个千百年来一直令人深思的问题。人不应该像动物，或者其他没有生命的物体一样，只是作为物质世界的一部分而存在，更重要的是人的存在体现的是一种精神的存在。这种独立的精神存在，也就是我们常说的独立的人格。

　　在现实生活中，常常可以见到很多精神不独立的人，他们没有自己的意识，没有自己独立的思维，他们只是接受别人的意识和思维，他们很难找到自我，因为他们不知道自己为谁而活着。他们有的是为自己心中的偶像活着，有的是为金钱而活着，又或者他们自己也不知道为什么而活。因为他们不具备独立的意念和思维，所以就没有独立的人格，而只能成为他人精神的附庸。因此，形成独立的人格，就成为一个人最高的精神追求和价值目标。

　　作为独立的生命个体，每个人都应有其独立的价值观念、生存方式、思维模式和选择生活方式的权利。但是，一个人生活在这个世界上并不是孤立的，人无时无刻不在跟其他的人发生联系，于是便无时无刻不受到来自其他方面的影响和制约，这些制约来自人们所生活的环境、家庭以及社会等方面。

　　要想拥有独立的人格，首先就必须拥有独立的思想和意念。拥有独立人格的人们有自己的一整套思想体系，他们能够重新思考一切道德的和价值的标准，并拥有重建价值标准的意念。独立思维和意念是一个人具备独立人格的基础和条件，思维是人之所以被称为人的先决条件，没有思想的只能是动物或者无生命的存在。"思考着的大脑是自然界最美丽的花朵"，这就是思想的意义所在。思想是智慧与快乐的源泉，深沉的思索能使人探究生命的意义与价值，理智的思考能让人拨开遮挡在事物上的迷雾，看清事件的真相，思考也能让人走出思想的误区，从而摆脱精神上受奴役的状态，获得思想的自由，进而达到独立自主的精神境界。而这种独立的精神境界，更能够对一个人的独立人格起到完善的作用。

对于一个具有独立人格的人来说，对自我价值的认可至关重要，因为他人对自己的认识往往是只从一个角度的、是不全面的，而自己对自己的认知，则更体现在思想和意念上，明白自己有几斤几两，这是一个人成功的关键因素。同时，一个具有独立人格的人是不会为了自己的个人利益而去干预他人的事的，而且从不以自己的意愿和想法去束缚别人，虽然很看重个人利益，但总能够尊重他人的思想和意愿。《列子·杨朱》中有句话，"智之所贵，存我为贵；力之所贱，侵物为贱"，这句话恰恰是古人对独立的人格精神的最生动最直观的描述。看重自己的存在，维护个人的正当利益，同时尊重别人的想法和意愿，在社会交往中能够保持自己的独立性，同时又可以增进与他人的感情，这正是一个有独立思维和意识的人所能够做到的。

一个思维和意念不独立的人，是不知道什么是独立人格的。这样的人对于一件事情没有属于自己的看法和见解，关于任何问题都不会像成熟的人那样去思考，也就提不出什么有建设性的意见和建议。这样的人没有自己的主见，人云亦云，只知道跟在别人后面，拾人牙慧，这只能算是个不成熟的人。这样的人是不会有什么大作为的，他的人生一定是暗淡的，因为他为什么活着、为谁活着这样的问题都没有弄明白，哪里还会有精力去思考和作出判断呢？因此，思维和意念的独立对一个人来讲是至关重要的，没有一个独立的思维和意念，怎么会有独立的人格呢？就像一个国家一样，如果没有自己的信仰和思想，只是听从于他国的摆布，又怎么会有民族的独立和国家的富强呢？"二战"后的东欧国家就是这样，在意识形态领域受到苏联的控制，没有属于自己的信仰和思想。而中国却敢于率先打破苏联的意识形态的控制，有自己的思想，在思想文化领域保证了民族的独立。

思想和意念的独立是一个人独立的开始和基础，只有从意识深处意识到思想和意念独立的重要性，并且采取主动的行动，才是获得独立意念行之有效的方法。但是，在平常生活中该怎样让自己获得独立的意念和思想呢？

第一，要有一种自己想要独立的意识。这要求人们弄明白一个问题，那就是自己为什么活在这个世上，人活在这个世上的意义和价值是什么。从根本上来说，这是一个人的世界观、人生观和价值观的内容，只有弄明白了这个，才能真正从心里懂得要独立。人是为自己活着的，这是千古不变的真理。人是一个独立的、有别于动物和其他无生命存在的生命个体，就应该有独立的思维和意念。人是为自己活着，不是为哪个明星、哪个偶像活着，更不是为金钱活着，而是为自己，要活出一个更加完美的人生。

第二，开始独立思考自己遇到的问题。很多人遇到问题的时候，想到的不是去思考，而是找父母、朋友帮忙，自己却完全没有去思考的意识。这样做是不可能拥有独立的思想的。当你什么时候开始思考自己的问题的时候，你才开始拥有独立的思考。

第三，学会有自己的追求。有没有追求是评价一个人有没有独立意念的一个标准。一个有独立意念的人，都会有自己的追求，什么是自己渴望得到的，什么是自己不能失去的，自己对这些事物有一个自我的认知，这就是一种意念的独立。当一个人真正懂得了什么是值得追求的，那么他也就明白了自己的人生意义。这也就是一个人明白自己真正需要的是什么，也表明一个独立的人格正在慢慢养成。

第四，有自己的认识和判断，不受他人影响。有自己的认识和判断是比较高级的要求，认识能力与判断能力是对一个成年人智商和情商的考验，前提是这个成年人必须是一个具有独立人格的人，否则他便不具备认识能力和判断能力。当一个人真正有了自己的认识能力，他将会认识更多的事物，眼界也会更开阔。而当一个人作出了真正意义上的判断的时候，也就意味着他已经具备了独立的人格。

从意识到独立，到有自己独立的思考和追求，这就是一个很大的进步。从意识到行动的转化，是问题得以解决的关键。最后有了自己的认知和判断，也就是具有了自己独立的人格。这一切都是从思想和意念开始的，最终在自己的行动中造就了一个人独立的人格。

思想和意识的独立是一个人人格独立的开始，只有具备独立的思维和意念，才能不再人云亦云，才会有自己的看法和追求，才能获得独立的人格精神。意念的作用却并没有终止，它还要保证这个独立的人格是适应社会要求的，是能够为人带来幸福和成功的。

高尚的情趣和宽广的
心胸成就优秀气质

当你去参加一个聚会或者参加一个会议的时候，你有没有被一个人的气质所深深吸引？有没有被一种精神状态所折服？你也许会想，什么时候我也能有这样优秀的气质呢？

气质是什么？有人说，"一个人的真正魅力主要在于特有的气质"，这种气质对他身边的每一个人（包括异性和同性）都具有强烈的吸引力，这就是一种内在的人格魅力。每个人都希望自己能拥有优秀的气质，但是什么样的气质才算是优秀的气质呢？

优秀的气质首先表现在一个人拥有丰富的内心世界上。高尚的情趣则是一颗丰富的心灵的一个重要方面，因为高尚的情趣反映着一个人的性格和品性，没有高尚的情趣，内心就是空虚贫乏的，只知道那些庸俗的事物，这样的人是谈不上优秀气质的。高尚的品德也是优秀气质的一个重要方面。在为人处世中，一颗与人为善的心是不可缺少的。不懂得与人为善的人，怎么可能有优秀的气质呢？

优秀的气质看似无形，其实有形。一个人的精神状态、言谈举止以及对生活的态度等都可以体现出一个人的气质。一个人在举手投足之间，走路的神态、步态之中，待人接物的习惯之上，都是一个人气质的外在体现。两个人第一次见面就产生好的印象，除了志趣相投外，相互为对方的气质所吸引也是很重要的原因。待人热情而不显得虚伪，对人尊重而不傲慢，这就是一种高雅气质的表现。轻狂浮躁或者自命不凡，往往就会给人以不好的感觉，给人一种气质不佳的印象。

优秀的气质还与性格有着很大的关联。这与一个人平常的个人修养有着很大的关系。心胸宽广的人，能包容他人的缺点，能够以大局为重，自然就显出一种迷人的气质；而心胸狭窄的人，往往会给人以难以相处的感觉，自然也就不会有什么优秀的气质可言了。一个性格开朗的人往往展现出大大咧咧的风度，更易表达自己内心的想法和情感；而感情深沉的人，在气质上自然与众不同，更添风采。

介绍了这么多优秀气质的特点，那么怎么才能有这样优秀的气质呢？意念在这个问题上能给予我们很大的帮助。其实，气质往往就在那些不为人们所关注的细节上，只要注意到了这些细节，就不难养成优秀的气质了。

第一，要沉稳。沉稳本身就是一种气质，当然也是一种想问题办事情的要求，没有沉稳的心态，就难有细致的成果。一个人不要随便地显露自己的情绪，不能由着性子来，最好不要一遇到人就不停地诉说你的困难和遭遇，不要一有机会就开始唠叨你的不满，而且当你真的遇到困难要寻求帮助时，应该在咨询别人的意见之前，自己要先做好思考。当自己要作出重要决定的时候，最好能找个朋友或亲人来商量一下，而且重大的决定最好隔一天再发布。在自己跟别人讲话的时候，不要慌张，要有条理，可以讲得稍慢一点，但不能语无伦次。

第二，要细心。要养成勤于思考的习惯，对身边常会发生的事情，要想方设法弄清来龙去脉。对于那些做得不到位的事情，要发现这其中存在的深层次问题，把它们挖掘出来，想办法解决。对于那些平常生活中习以为常的办事方法，要想想有什么可以改进的或者更换的，这样可以不断锻炼自己的细心和耐心程度。平常做事的时候就要养成井然有序以及有条不紊的习惯，做事不要着急。要多对自己进行反思，找出一些平常不易暴露的问题，随时随地加以弥补，让自己不断进步。

第三，要有胆识。一个人的胆识是构成气质的一个重要方面，很难想象一个没有胆量和见识的胆小鬼会有什么样的气质。在平常说话的时候，尽量不要用那些听起来没有自信的词句；自己决定了的事情就不要时常变更反悔，更不要轻易推翻自己的决定，这样会显得自己反复无常，让人反感；与众人争执的时候，要有自己的主见，不要做墙头草；在整个团队处于一种低迷的状态时，要让自己尽可能乐观，用自己的乐观影响整个团队，使团队尽快走出低谷；不管做什么事情，都要用心去做到最好，当遇到困难的时候，试着换一种方式试试，不要一条路走到黑；做事干净利落，不要拖泥带水。

第四，要大度。拥有宽广的胸襟不仅仅是道德的要求，同时也是塑造影响气质的重要途径。大度的人，自然而然地就会有一种迷人的气质围绕在身边。大度的人不会把那些可能成为伙伴的人变成对手，他总是会团结身边的人；对别人的小过错不要斤斤计较，在待人的问题上尽可能用真诚去结交更多的朋友；在钱财上要大方，不能抠抠索索，要看得开，不要为一点小钱而失了人格；对人切记不要傲慢和存有偏见，傲慢与偏见是对一个人很大的侮辱；应该乐于和同伴分享自己的成果，当需要自己奉献的时候，不要回避，勇于承担责任。

总之，不管是什么人，不管在何时何地，都应该沉稳、细心，不能大大咧咧、毛毛躁躁，同时要尽可能地让自己有胆识、为人大度，只有这样才能成就优秀的气质，才能获得人们的认可与赏识。一个拥有优秀气质的人，不论在哪里都是当地的明星，人们都会对他投以欣赏和羡慕的眼光。

第六章

用意念扫清
你的心理迷雾

现代社会是一个充满激情与诱惑的社会，同时也是一个物欲横流、情欲难控的世界。在这个社会中，有成功的机会，也有堕落的可能。都市的霓虹灯和灿如白昼的夜晚，让人忘记了什么是理智，忽视了什么是道德。在金钱与权力的旋涡中挣扎，忘记了自己是谁，忘记了那些曾经让自己行动的岁月，也忘记了曾经的豪气干云，一头扎进这团迷雾中，迷失了前进的方向，迷失了自己的心。

人们都在说要为自己活着，要活出自我，可是在这团看不清道路的迷雾中，"自我"在哪里？理想在哪里？目标在哪里？这是一个让很多人无法回答的问题。但是还是有很多人不明白，看不到问题的所在。那些看清楚问题所在的人，却一遍一遍地问道："该怎么办？"

本章内容就是要告诉那些还没有看清现实的和那些已经看清现实却不知道该怎么办的人，你该这么办。

不要让欲望成为人生的主宰
——欲望与幸福成反比

生活在现代社会的人，往往会感觉到绝望、无助和失落。从心理学上讲，这是因为现实总是不能达到预期的效果，特别是当一个人极力追求一些东西的时候，总觉得自己付出了很多，却得不到回报，于是就会产生悲观厌世的情绪。这与现代社会给人们造成的压力有很大关系。然而社会就是如此，压力总是无处不在，人们不能总是生活在社会压力的阴影下，那当一个人面对这种情况时该怎么办呢？很简单，那就是适当控制自己的欲望。

满足感是一种很大的幸福。当一个人无法满足自己的欲望时，就会缺乏幸福感。很多欲望，比如对金钱的无限渴望，对自己地位、权势的拼命追求等，都是一些不良的欲望。这些欲望就像是一个个无底洞，是永远不能填满的。这就意味着自己的各种欲望得不到满足，自己还会幸福吗？所以这就涉及怎么看待幸福的问题。一个人要想得到幸福，很重要的一点就是减少这种不良的欲望，控制自己的物欲、情欲等各种欲望，让自己的负担减轻，压力就会随之减轻，久违了的幸福感也就会随之而来。

有一个很经典的故事，说的是有一个农夫，他觉得自己的房子太小，所以总是抱怨。有一天他去见一位哲人，请教这个问题。哲人对他说，如果你觉得自己的房子太小，那就请你把你的牛羊全部赶到你的屋子里吧。农夫很奇怪，但还是照做了。他把牛羊全部赶到了自己的屋子里，一时间屋子里实在是太拥挤了，而且还充斥着牛羊的臭味。过几天后他又来找这位哲人，哲人对他说，现在请你将你的牛羊全部赶到圈里去。农夫很奇怪，但他又按照哲人的话去做了。当他把牛羊赶到圈里后，不久他就找到哲人讲，哎呀，原来房子是那么大啊，怎么以前从没有注意到呢，你看现在还有很多空间没有用呢。

想必这个故事大家都听说过，故事中的农夫总是想着让自己的屋子大点，这就是一个很难实现的欲望，他总是沉浸在这个无法实现的欲望中，生活很不幸福，因为他无法满足自己的这个欲望。但是当他做了哲人告诉他的事情后，他发现自己原来没必要太在乎这个欲望，因为事实上他已经发现了生活中那些美好的东西，放下这个欲望，生活就会变好了。

现实生活中的人又何尝不是这样呢？人们总是有着这样那样的各种欲望，但自己又无法实现这些欲望，所以总是欲望越多，失望越多。这样怎么会有幸福可言呢？可见欲望与幸福是成反比的，当一个人欲望越多的时候，他的压力和负担就会越重，当他真正无法满足这些欲望的时候，失望就会随之而来，幸福就会减少甚至失去。因此在现实生活中，应该适当地节制自己的欲望，从而减少很多不必要的失望，幸福感就会自然上升。

我们在读书的时候，老师们常常讲，当你渴望得到的东西越多，你就越达不到，甚至已经得到的也会失去。当时可能没几个人能真正明白这句话是什么意思，但是现在想想，其实道理和上面的寓言故事是一样的。越是得不到的就越想得到，反而会招来无尽的烦恼；相反，如果能够果断地放弃这些不现实的欲望，还会觉得有那么多得不到的东西吗？这就是一个相对的心理要求，没有过多的渴望就不会有过多的需求和太多的欲望，就越是容易让自己感到满足，这时，幸福的感觉就会回来了。

姚明作为中国体育界中屈指可数的明星，无论是在NBA的球场上，还是在大腕云集的博鳌论坛上，他永远是记者和粉丝们集中追寻的对象。或许他的成功在别人看来是非常辉煌的，他一定有很多的欲望。但是姚明自己认为，他并没有太多的欲望，只是尽力做自己应该做的事，太多的欲望反而会成为前进的绊脚石。姚明说，人的欲望是无止境的，当达到一个标准的时候又想着一个更高的目标，这就在一定程度上限制了人的幸福感。幸福其实要在有些时候找到一个依靠，比如信仰，缺少了信仰，就很难感到幸福。姚明有一句很著名的话："虚拟世界里的面包还是没有外面的真实牛排美味"，虽然他是针对网络游戏说的，但是这句话无论放在哪里，都是很有道理的。因为追求那些不实在的东西，是无论如何也不会让自己获得真实的幸福的，而现实的努力却能让一个人在努力后，亲身体验自己的努力成果，这本身不就是一种幸福吗？

其实，一个人的追求就像抓兔子，欲望越多，就越无法坚守一个人心中的目标，也就无法集中全力去做好每一件事，又怎么会抓到兔子呢？这样一来，就会导致心中想的很多，但实际上做到的却很少，心中就会产生各种落差，总是觉得理想与现实相隔太遥远，让自己又重新回到"不幸"的感觉中，不能自拔。

要知道欲望与幸福是成反比的，当一个人的欲望越多，幸福感就会越少。一个人只有控制自己的欲望，减少渴求，不让欲望成为自己生活的主宰，集中自己有限的时间和精力，专门从事某一种自己喜欢的事业，全力以赴地去做，这样他才有可能成功。

那么一个人该如何克制自己的各种欲望呢？这就要充分发挥意念的力量。用克制的意念控制自己的欲望，用乐观的意念看待眼前的困难，用微笑的意念面对生活中的每一件事和每一个人，用坚强的意念战胜遇到的各种困难，用积极的意念去从事自己喜欢的某一项事业……只有这样，才能真正地让自己走出无限的欲望带来的各种烦恼，摒弃欲望无法得到满足而带来的沮丧。只要冲破这张欲望的网，让自己的心成为自己生命的主宰，才能轻装前行，在自己熟悉的天地里充分发挥自己的聪明才智，为自己创造更加美好的未来。

用意念做人生的加减法
——品位舍与得

人之一生的经历实在是丰富得很，有各种让人难忘的经历，这其中有无尽的欢乐，还有难忘的痛苦，实在是一言难尽。这些经历是从哪里来的？是从一个人无尽的欲望中来的，是从一个人无尽的追求中来的。其实，人之一生，有很多值得珍惜的东西，诸如亲情、友情和爱情；同时又有很多是不得不舍弃的，像那些无谓的追求、欲壑难填的欲望等。同时又由于人一生的精力总是有限的，有时不得不为了做成某一件事，而舍弃一些东西，这个时候，恐怕是很痛苦的。但是到了不得不做之时，就要靠意念的力量帮人来完成这种舍弃。同样的道理，当一个人急需追求并一定要获得一件东西的时候，同样也要靠意念的力量来帮助自己追求这件东西。总而言之，不管是要舍弃还是要追求，都离不开意念的作用。

人生其实就像一道复杂的数学题，同样是充满变数的结果，同样是有加有减，也就意味着在这个并不能确定的人生中，有时候不得不作出加法，也就是追求；而有时又不得不作出减法，也就是舍弃。只有当一个人正确地处理好这道人生的加减法，就意味着做好人生的追求与舍弃的抉择，这个时候，就可以集中全身所有的力量和精力来专心地做一件事，这样获得成功的可能性就会比那些不懂加减法的人要大得多。

但是，人总是很难控制自己，因为欲望的原因，因为私心的原因，总是有那么多不愿去追求的东西和很多不愿放弃的东西。这个时候，要做好这道人生的加减法，就需要一个类似于在数学题中像计算器一样的至关重要的工具，那就是意念。

意念的作用不光能够给人以坚强的勇气和乐观的心态，同时还能够给人以作出抉择的勇气和能力。只有在意念的坚持和激励下，人才有能力做好人生的这道加减法，作出正确的追求与舍弃的抉择，这样的人生才能够获得成功。

首先，我们来看看加法。

人之一生不能总是碌碌无为，没有什么成就和追求。要有追求就意味着要做好人生的一道加法，为自己的人生增加成功的积累，增加获得美好生活的筹码。没有追求的人生怎么能算是一个完美的人生呢？这只能算是一个平庸的人生，是没有任何激情与成功可言的。不管什么人，只要是想获得成功就必须有所追求，这是亘古不变的法则。

如果没有追求，怎么会有今天的美好生活呢？现在生活中的每一件东西，都是人所不能离开的，但是如果没有当初的那些人的追求，哪会有今天的这些东西？所以说，追求就意味着可能会获得成功，就意味着有机会实现自己的梦想，更进一步，可能会为人类的发展做出自己的贡献。

如果没有当年的追求，牛顿在被树上掉下来的苹果打中脑袋的时候，就不会产生各种联想，从而发现万有引力定律，也就不会有后世这么伟大的科学家；如果没有当年的追求，爱迪生也不会在失败了上千次之后，还在进行着灯丝的试验，没有他的坚持不懈的追求就不会产生给人带来持久光明的电灯；如果没有当年坚持不懈的努力和不惧艰险的追求，居里夫人也就不会有镭的发现，她也不会被世人所称颂。

以上这些都是在世界科学史上享誉全球的名人，他们的成就是他们不畏艰辛、不怕困难，持之以恒地艰苦追求才得来的。所以，当一个人面对十分重大的抉择和追求的时候，因为这些追求都会对自己甚至是对他人产生重大影响和意义，就不要再顾及那么多的问题和烦恼，都要全力以赴地去追求，哪怕是为这些理想和目标而丧失再多的东西也在所不惜。因为这是一个人事业成功的基础和来源。

人生中加法的意义就在于应当去追求的就应该全力以赴地去追求，为自己的人生增加更多成功的砝码。面对自己一生的理想和追求，一定不要轻言放弃，因为这些都是个人的梦想，即便是遇到再大的困难，也不要有所退缩，因为这是对自己负责任的表现，是一个人走向成功的必经之路。

就在一个人追求某一件东西的时候，总是会遇到各种困难与挫折，总会有不顺利的时候，这个时候可能就会产生放弃的念头，这时就需要有意念的力量，用这种意念的力量来激励自己，支持自己走完后面的路。用意念的力量，让自己做好人生的这道加法。

接下来，我们一起学习减法。

上面讲的是人应该有所追求，特别是在人们面对人生和事业的时候，就应该有一种拼命也要做好的志向和志气，这是一种非常强大的能力。但是在人生中，特别是在当代社会中，总会有很多的诱惑，诸如金钱、奢侈品等，同时人自己还会有各种各样的欲望，这些诱惑和自身的欲望都是一个人正常发展的阻碍，是人走向成功的绊脚石。这个时候就要学会放弃，放弃那些曾经的幻想，放弃那些虚幻的欲望，放弃那些形形色色的诱惑，让自己带着一颗成熟的心，带上一个智慧的脑袋，踏上走向成功的道路。

舍弃是一种明智，是一种智慧，更是一种勇气。庄子舍弃了楚国大夫的高位，甘愿在河边钓鱼以求温饱，但他却过着自由自在的生活，得到了精神世界的无限自由；曾经感动中国的大学生徐本禹舍弃了大都市的繁华与喧闹，舍弃了安逸的生活，甘愿来到贵州贫穷的小学当起了老师，他说自己这样做对得起自己的良心；孙中山放弃了原本还算不错的生活，毅然决然地投身了革命，虽然几经磨难，付出了巨大的代价，经历了极大的困难和艰险，但是最终成了民主之父，中国革命的先行者；近古稀之年的老人白方礼，舍弃了原本幸福的晚年，放弃了那么多的欢乐与安逸，靠着自己的努力，用赚来的钱资助了一个又一个学生，以供他们完成学业，在他身上体现出的是一种博大的胸襟与爱。

像这样的例子不胜枚举，从他们每个人的身上都可以看到一个共同点，那就是要想获得成功和赞誉，就必须舍弃一些东西，因为有些东西是人走向成功的羁绊，有了这些羁绊，人心就会变得复杂，就不再一心一意地去追求一些生命中的真善美，或者干脆就想着不劳而获、坐享其成，这是一种很不好的习惯。

加减法，这一数学上的运算方法，放在人生中更具有现实的意义。它形象地表达出了一个人面对人生取舍问题上的处事方法与做人的方式。在人生之路上，有很多时候并不是那么容易地就能够做出选择的，有的时候自己拼命追求的往往并不是自己想要的，而是迫不得已、不得不去做的。但有的时候，必须要舍弃的往往是自己梦寐以求的东西，就是因为不得已的原因，不得不舍弃。在这种情况下，一个人更要做出正确的抉择，首先要让自己明白当前真正需要的是什么，什么是自己很想得到但并不需要的，只要做出了这种认定，那就会是一个明智的人。首先解决当前最迫切的问题，同时也要顾及到长远的利益。相信在意念的帮助下，一个人会明白自己真正想要的是什么，相信到那时，就会做出真正正确的选择。

让意念唤醒真正的你
——与旧我说再见

面对纷繁复杂的现代生活，特别是灯红酒绿的生意场，或者物欲横流的交际场，你是不是感觉到力不从心，是不是会感觉到身心有一种说不出的疲惫，是不是经常会有一种失落之感，又或者会不会有一种迷失自己的茫然呢？是的，在这种快节奏的都市生活中，每个人都会面对各种各样的来自各个方面的压力，在压力面前，每个人都会有一种特别不舒服的感觉，对自己没有了往日的信心，失去了曾经的豪言壮志，再也找不回当年的意气风发了。面对这些状况，你该怎么办呢？

就在本章的前面部分，提到了欲望，这是一种人人都会有的情愫。谁都不会只是满足于当下的状况，谁都会想更上一层楼，获得更大的成功。但是，往往就是这种欲望，让一个人感觉到非常大的压力，让一个人在生活中倍感艰辛，失去了奋斗的真正内涵，从而离自己想要的幸福越来越远。面对这种情况，该怎么办呢？其实这也很简单，请不要忘了有一样东西能够让一个人在困难面前鼓起勇气，在危险面前临危不乱，在长路上坚持，在风雨里坚韧，这就是意念。就像前面曾提到的一样，意念是一种十分巨大的精神力量，能够在一个人最需要帮助的时候，给予最强大的精神支持和智力帮助。

在现代社会中，每一个人都会遇到各种问题，这个时候你就需要意念为你提供各种战胜问题的力量。当你感到悲观的时候，它能给你乐观起来的力量。在你迷茫的时候，它能给你指引前进的道路；在你想放弃的时候，它能给你坚持的意志；在你内心彷徨的时候，它能给你微笑的想法。

意念的内涵包罗万象，几乎涵盖了人类的一切最美好的本质，因为这就是在人类身上最能体现人的本质的东西。人与动物的最大区别在于人能够进行思考，这也就决定了人的意志是一种有别于其他一切生物的伟大的力量，是上天的选择和人类自身进化的产物，如果不加以有效利用，恐怕也对不起自己。

有句话说得好，如果你不逼自己一把，你就永远不知道自己有多了不起。当面对问题的时候，就要充分利用人类自身的这一优势，发挥人类意识的能动作用，创造一个又一个的奇迹。

有这样一个故事，一个乞丐来到一家门口，向一位大嫂乞讨。这个乞丐太可怜了，他的右手连同整条手臂断掉了，空空的袖子随风晃荡着，让人看了非常难受。大嫂指着门前的一堆砖对乞丐说："你帮我把这堆砖搬到屋后去吧。"乞丐生气地说："我只有一只手，你还忍心让我搬砖。不愿意给就不给，何必刁难我？"这位大嫂听了并没有生气，而是弯下身子搬起砖来。她故意把一只手插进裤袋里，只用另一只手搬。搬了一趟回来说："你看，一只手也能干活。我能干，你为什么不能干呢？"乞丐呆住了，过了一会儿，终于弯下身子，用他唯一的一只手搬起砖来。一次只能搬两块，整整搬了两个小时，才把砖搬完。大嫂递给他一条雪白的毛巾让他擦拭汗水，又给了他二十元钱。乞丐接过钱说："谢谢你，我永远不会忘记你的。"

几年之后，一位老板模样的人来到了这位大嫂的门前，向她致谢。这个老板只有一只左手，右边的袖子在风中飘荡着……

每一个面对困难的人，就像上面提到的那个残疾的乞丐一样，认为自己残疾，就失去了生活的动力和意义。那么，现在再来看当一个人面对困难时，该怎么办呢？就像那个乞丐一样认为自己十分悲惨，终日靠乞讨为生吗？这是一个正常人应该做的吗？不是，绝不是这样的。一个人的身体可以残疾，但他的心不能残疾，意念更不能残疾。如果说一个人身体的残疾是他所不能控制和改变的，那么心的残疾就是更可悲的了，毕竟心的残疾是可以通过各种途径和方法来改变和弥补的。

这里所说的心就是意念。说一个人的心不能残疾，就是说一个人无论何时何地都不能放弃自己的理想，无论环境再怎么艰苦，也不能让自己沉沦。一颗坚强勇敢的心，是用多少钱也无法换取的。这颗坚强勇敢的心就是一个人办任何事情，从事任何事业的有力的支持力量。在平常生活中，应该注意培养自己坚持的能力和勇敢的意志，只有这样，等到了真正遇到困难的时候，就不会再害怕，就不会再有放弃的想法。这种坚强的意志是任何困难的克星，没有任何一种困难能够战胜它。环境是一个真实的存在，是一个客观的物质世界，是不以任何人的意志为转移的，所以当一个人遇到困难的时候，就应该学会面对它，通过对自己的磨砺来改变自己，让自己变得坚强起来，这样就不会再因为环境的问题而产生退缩的念头。

著名心理学家奥瑞·利欧斯说："如果你对周围的任何事物都感到不舒服，那是你的感受造成的，并非事物本身如此。能够对感受进行调整，你就可以在任何时候都振作起来。"就是这样，环境不会因为人而自行发生改变，当一个人的前进与现实发生矛盾的时候，也就是遇到困难的时候，这个时候要做的绝不是怨天尤人，而是首先要让自己振作起来，勇敢地面对这些困难，通过自己的努力和坚持来提高自己，增强战胜困难的能力，这才是一个勇敢的人应该做的。

就像在地震发生的时候，灾难已经发生了，谁也不能让时光倒流，谁也不能阻止这场自然界的灾难，但是人们可以改变自己，因为人有一种可以战胜一切的意念。看看那些震后余生的人，灾难就在他们身边发生，他们没有怨天尤人，没有一蹶不振，而是通过发挥意念的力量，通过乐观、勇敢、坚强和爱的意念，战胜了这场史无前例的巨大灾难，让这场破坏力极强的灾难成为增进人们之间感情和整个中华民族凝聚力的因素，让自信与乐观的精神飘扬在中华大地的上空。

总之，在人生的道路上，人们会遇到各种自然的和人为的灾难，有些人会在这些灾难面前感到彷徨、恐惧，进而迷失自己，看不到自己身上的潜在的力量，无法正确地发挥出应该具备的某种潜能，也就不能够依靠自己的力量战胜困难，从而产生悲观的情绪，到头来就只有退缩和放弃。

在这个时候，首先需要认识到人的身上存在着一种巨大的潜能，而这种潜能的发挥是需要一定的诱因和条件的。那么这个条件是什么呢？就是人的意念。当一个人感到无助彷徨和迷茫的时候，就需要意念，要靠意念来发现真正的自己，找回真正的自己，让自己能够在最危难的时候发挥出身上的那种潜在的能量，用它来战胜面前的一切困难。这种意念的内涵就很丰富，它包括乐观、坚强、坚持、善良以及爱等一切人类最美好的精神因素。而这些因素就是一个正在遭受不幸的人或者一个面对困难的人所急需的，当一个人正确地认识到并且能够拥有这些，那么他就可以让自己变得无比强大，就算是地震、海啸等再大的灾难也无法将他摧毁，就算是肉体被灾难毁灭，他的精神也将会长存于世，永远鼓励着一代又一代的后来人为理想而奋不顾身。

当你正在遭受不幸的时候，当你正在面对困难的时候，请记住只要有意念在，希望就在，因为意念能够唤醒真正的你。

第七章

意念助你
走出困境

什么是意念、意念的作用有多大等问题，想必大家都已经很清楚了。意念是一个人成功的精神秘籍，是一个人获得完美人生的重要条件。所以，意念对于人生的成败便具有了相当程度上的绝对作用。意念能够决定一个人的性格和气质，正面的、微笑的、善良的、坚持的、勇敢的等这些不同的意念造就出了不同场合所需要的性格和气质，对一个人事业和人生的成败具有引导作用。因此，正确的意念在一个人成长的道路上，引导人一步步走向成功的彼岸。

当大家面临困难的挑战时，该怎么办？是放弃，是退缩，还是直面困难，迎难而上？但凡成功者的经历都会告诉世人，没有勇气面对困难战胜困难的人，是不足以成其事的，只有那些有着积极强大的意念的人，才能够披荆斩棘、乘风破浪，实现心中的愿望。

现实并不是那么顺利，总会有这样那样的困难和挫折，但是，请坚信一点，那就是意念能够帮助世人走出困境。

当优秀成为习惯，
困境就成了纸老虎
——用意念改变习惯

每个人都有遇到困境的时候，每个人都会有事业和人生的低潮。同样，每个人遇到困境的原因和情况都不相同，每个人处理困境的方式也不尽相同。但是在众人的遭遇中似乎都有一个共同的原因，那就是习惯。

人们对习惯的理解是一个人长时间地重复一件事、一个动作、一种相似的思维方式，久而久之就会产生完全相同的方式，这就是习惯。习惯也是一个拥有两面性的东西，有的习惯可以把人带入歧途，让人产生不良的后果，这种习惯就是坏的习惯；而有的习惯，则是一个人人生中成功的关键因素，能够为一个人带来成功所需要的各种素质，帮助一个人走向成功。

有的人很困惑，自己为什么会时常陷入困境。其实这个问题是每一个人都会遇到的，就像一个人在走路一样，走着走着就会遇到坑坑洼洼，还有可能遇到沟壑。但是有的人会比平常人遇到的问题要少得多。为什么呢？因为他们总是能够尽可能地避开一些不必要的麻烦，尽量不去触碰那些不必要的障碍，因为他们身上有着很多常人所不具备的良好习惯。而往往就是在大多数人身上存在的某种坏习惯，让人们在前进的道路上举步维艰。很多人时常会碰壁，就是因为自身的某些坏习惯，让自己时不时地就陷入了一些根本不必要的麻烦中。这样就会让自己问题缠身，麻烦不断。但是只要一个人让优秀的思维方式和良好的行为习惯成为人生的主宰，这些不必要的麻烦就会消失。如何让优秀的行为方式和思维方式成为一个人的习惯呢？说到底还是要发挥意念的作用，让意念形成的良好习惯成为人生的主宰，让这些良好的习惯成为一个优秀的人的有力武器，避免那些不必要的麻烦再次找上门。

当优秀成为习惯的时候，一切的困境就都是纸老虎。这绝不仅仅是一句话而已，它有着深层次的含义。这句话的意义就在于优秀是一种素质，是一种成功的必要条件。但是在日常生活中，一个人如何变得优秀，又如何让优秀成为一种人生习惯呢？这就要利用意念改变人生态度的作用，注意以下的几点，让自己在一点一滴中变得优秀起来。

第一，拥有乐观自信的人生态度。乐观自信，是一个人一生中最常用的一种品质，不管是遇到困难，还是对自己产生怀疑的时候，这永远都是一剂良药。所以，当一个人遇到困难的时候，乐观自信的人生态度就显得尤为重要，它可以让一个正处在悲伤和忧郁中的人树立起生活的勇气和战胜困难的信心，它也是一个人在困境中最应该有的品质和精神状态。

第二，时刻承担责任。能够承担责任的人，是一个有勇气、有担当的人，在出现问题的时候，不退缩、不推卸责任，勇于承担起自己应承担的责任，是一个人有志向、有抱负的表现。一个能够承担责任的人，会得到他人的尊重与信任，会成为事业和人生的强者，因为这是一个敢于挑战、勇于接受失败的人。承担责任是一种优秀的习惯，具有这种习惯的人，注定将会成为事业的赢家。

第三，提高自己的办事能力。要想获得成功，从根本上说还是取决于一个人的办事能力。一个没有任何办事能力的人，怎么会办好自己手头上的事情呢？有能力的人，是不会害怕任何困难的，即便是身处困境，也会化险为夷，因为能力越强，解决问题的可能性就越大。强大的能力，再加上一种强大的意念，这就从内到外塑造了一个强大的人，是没有任何困难可以难倒他的，他也就不会再害怕什么困境了。

第四，受人之托、忠人之事。一个优秀的人，是最懂得忠诚和诚信的。因为这是人生在世最基本的素质。只有忠诚才能获得别人的信任，只有诚信才能得到幸福的青睐。忠诚和诚信是一种良好的心理品质，更是一种优异的习惯，当一个人的一生中习惯于对别人忠诚和用诚信来交往的话，哪里还会有什么不如意的事，哪里还会有什么困境可言呢？因为大家都会因为你的诚信和忠诚来帮助你。

第五，学会沟通。沟通是生活在这个世界上最起码的生存之道，因为没有人是生活在真空之中的，生活于世，就必须学会与他人沟通。一种正确的沟通方式，可以换来取之不尽用之不竭的资源，这是一个人获得他人帮助和理解的关键因素。因此，养成一种真诚沟通的习惯，对一个人的生命来讲是一件极富意义的事。当学会了沟通，困境也会变成你交朋友的场所，灾难就会成为你发扬光辉的时刻。

第六，懂得合作。不懂得合作的人，是不适应现代生活的。现代生活中的每一件工作、每一项任务，都不是一个人单独就可以完成的，它需要大量的人的合作才可以实现。因此，在生活中要想克服困难走出困境，就必须学会合作，发扬团队精神，获得团队的帮助，这样才能尽快走出困境。

第七，坚持就是胜利。坚持，是一种信念；坚持，是一种人生态度。只有学会坚持，才会不怕困难；只有学会坚持，才能在困境中无所畏惧，才会有勇气和力量来战胜困难，走出困境。学会坚持，让自己有一个坚定的信念，时时刻刻牢记，坚持就是胜利。当坚持成为一种习惯的时候，也就无所谓什么坎坷、困难了，因为这个世上没有过不去的坎，没有趟不过的河。

第八，打破定式思维，发挥创造意念。很多时候，困境往往是一个人给自己在思维领域设置的条条框框，如果不打破这些条条框框，思维便很难有所突破。良好的思维方式也是一种良好的习惯，如果只有惯性思维和定式思维，那么这个世界将永远生活在固定的模式中，难有什么发展。所以当创造性思维成为习惯时，定式思维将不复存在，创造的意念会让一个人在任何领域、任何时空都可以尽情创造，哪还会有什么困境呢？

以上只是一点关于这个问题的看法，当然，要养成良好的习惯不是一朝一夕的事，需要在日常生活中，一点一滴地去摸索，去亲身实践，这样才能获得更多优秀的素质，才能养成更加优秀的习惯，才能造就更加完美的生活。

这个时候，哪里还会有什么困境呢？

有时人需要一点
精神胜利法

当一个人遇到自己不可能控制和改变的事情的时候，或者遇到不可抗力导致的损失的时候，该怎么办？是持续不断地忧郁纠结，还是放手，顺其自然？当遇到真正的困难的时候，当自己实在坚持不下去想要放弃的时候，该怎么办？是自己放弃、不再涉足，还是给自己一个坚持下去的理由？这两种情况是现代人经常会遇到的，一种是自己不可能控制、不能改变的，比如不可抗力带来的损失；还有一种就是遇到困难想要放弃的时候，遇到这两种情况该怎么办呢？

意念的作用告诉人们，当遇到某种自己所不能控制或改变的事情时，就应该放弃或者忘记；当遇到自己想放弃的事情时，就应该给自己心理上进行某种暗示，让自己重新树立起信心。在这里，忘记的办法不妨就叫作"精神胜利法"。

精神胜利法，最早应该是出现在鲁迅的作品《阿Q正传》中，但是，《阿Q正传》中的"精神胜利法"与这里讲的"精神胜利法"有着本质的区别。阿Q的精神胜利是建立在欺软怕硬、自欺欺人的基础上的，但是这里的精神胜利法则是一种放松的心态，是进行自我治疗的精神疗法。这种方法就是在自己的意识中，对自己说："我行""我一定可以""我相信自己一定可以做到"等，对自己进行心理上的强化与暗示，让自己树立起真正认为自己可以做到的信念，给自己一个能够实现梦想的机会。精神胜利法是在意识层面进行心理疏导和心理治疗时常用的方法，在心理疾病和心理障碍的干预上，能够起到意想不到的作用。因此，这里可以将它作为一种新的自我调节的意念来为个人服务，让每一个人都拥有良好的心态。

比如，当你所在的公司更换了上司，而这位上司恰恰是你所不喜欢的，但你是没有能力改变公司上层的意愿的，这个时候你该怎么办？是辞职还是瞎混？这好像都不是一个优秀的人应该做的，正确的做法是放手。放手的意思就是不要再为这些自己所不能改变的事情而忧郁、痛苦，因为这是你所不能改变的，即便你再忧郁、再痛苦也只能是无济于事，对现状没有任何意义上的改变，只会给自己带来无尽的烦恼。

人生就像登山，如果一旦在一个地方停留了下来，就很难再有力量向更高的山峰发起冲锋。因此，一次的停留永远只是暂时的，不要把它当作一生的终点。就在自己实在坚持不下去的时候，给自己一点心理暗示吧。在自己心里悄悄地告诉自己，自己一定能行，这是自信，是自尊，更是给自己一个过得更好的理由。

尽量让自己尽快忘记那些不该回忆的往事，那里面有太多的情不自禁和无可奈何，那是一个过去了的时空，虽然是生命的一部分，但是那毕竟是一个人永远也走不出的旋涡和永远也回不去的曾经。忘掉那些曾经的光芒，忘记那些曾经的悲伤，收拾好包袱，未来的路还很长。

一个有担当的人，一个成熟的人，在他的眼中只有当下和未来，曾经的辉煌和落魄在他看来只是过眼云烟，就像天边的浮云一样，转瞬即逝，它属于从前，属于那个没有人关注、没有人知道的从前。他的眼中只有当下和未来，因为他生活在当下，眼却看向未来。一个人要想有任何收获的话，就应该忘掉过去的悲欢荣辱，面向未来，给自己一个生存的理由，给自己一个获得更好的理由，告诉自己可以做得更好，可以得到的更多。

不再受到曾经的羁绊，不再受到困难的折磨，有时候悄悄地给自己一个暗示，往往比什么都有效。这就是意念，是意念让一个人拥有了战斗到底的勇气，是意念给了一个人追求美好生活的渴望，让意念对自己说"相信我，我能行"，这样的人才真的能行。

由于先天残疾，出生仅仅15个月就被截去了双腿的美国小男孩科迪·麦克兰德是很多人心目中的小英雄。比预产期提前6周就早早出世的科迪，有着不同于常人的命运。他先天性地患上了一种罕见的骶骨发育不全症，而且这种病往往伴随着肾功能不全以及其他的一些并发症，像髋关节脱臼、胃病、呼吸困难和哮喘等疾病，都在不断地折磨着小小的科迪。但是，小科迪并没有丧失生活的勇气，他一直很坚强地活着。在他的身上有一种体育的天赋，这使得他不仅找到了生命的乐趣，还为他今后的生命打开了一扇新的窗户。他从小就有一个梦想，那就是成为继南非残疾人名将皮斯托瑞斯之后的下一位"无腿飞人"，或者成为残奥会上的菲尔普斯。同时，能够与菲尔普斯同场竞技则是他更大的梦想。

小科迪有自己的梦想，有自己的追求，在他的人生道路上，他一直都相信自己能行，因为他一直在朝着理想奋斗。这就是一种很强烈的暗示，这种暗示的力量已经在他的潜意识中发挥了重要作用。在他的身上，人们看到了感动，看到了坚强和勇气，看到了梦想与希望。有谁不希望这种坚强、这种希望能够存在于自己的身上，有谁不希望获得像他那样顽强的生命力呢？关键就在于自己对自己的认知和对待自己人生的态度。往往就在困难的时候，往往就在遇到不顺的时候，很多人就想到了放弃，对那些只要再加一把劲就可以实现的愿望，却不愿再加上这最后的一把劲，以致功败垂成。其实，换一种考虑问题的角度，换一个看待问题的眼光，或许问题就不再是障碍，遇到问题绕路走或许也是一种成功。正所谓，此路不通彼路通，条条大路通罗马。解决问题也不是只有一种办法，没有必要纠结于某种方式而不能自拔。

这里的"精神胜利法"就是要告诉自己，在自己不能控制的时候，就要放开，顺其自然，不要强求。这样就会造就一种广阔的心胸，不斤斤计较，才能得到更多的舒适和他人的尊重。其主旨就是自己给自己打气、加油和鼓劲，在遇到困难的时候、在遇到失败和挫折的时候，告诉自己"我一定能行"，这都是意念，都是一个人的精神在实际生活中对个人情绪的调节。通过对自己的感情情绪的调节来让自己树立良好的人生观和价值观，让自己时刻处于最佳的精神状态，时刻应对来自各方面的压力。

"精神胜利法"告诉大家，对于那些不是个人力量所能控制的事情，就不要过分地去干预，不要太纠结于这些自己无能为力的事情，要学会放弃。因为这个世界上，有太多的事情是个人所不能够控制的，如果什么事都要做，还要做得最好，那是不可能的。面对那些非自己可以改变的事情，与其自怨自艾，在纠结中痛苦，倒不如放手。

我们遇到困难的时候，首先要树立起信心，有了信心，就有了力量。其次要有坚定的意念，不达目的誓不罢休，坚持不懈地做下去，世上没有过不去的坎，没有趟不过的河。这样可以让自己树立一种完全的自信，只有这样才能发挥出最大的效率，爆发出最强大的能量。

意念影响你
为人处世的方式

一个人要想更好地更有深度地生活，就必须有思想。一个人无法增加生命的长度，但可以增加生命的宽度，那就是尽可能地增加自己思想的深度和广度。所谓思想，就是一个人对世界、对人生、对价值的看法和观点，简单地说就是世界观、人生观和价值观。它们决定了一个人对世界和人生、价值的看法，也决定了一个人为人处世的方式方法。但是归根结底，人的思想是一种意念，因此，是意念决定了一个人的世界观、人生观和价值观。因此，又可以说，是意念决定了一个人为人处世的原则和方式方法。

世界观，就是一个人对世界的看法。一个人生活在世上，就往往会去思考，这个世界是什么样子？自己为什么会生活在这个世界上？人们应该以一种什么样的态度来对待这个自己生存的世界呢？假如说，一个人从一开始就认定这个世界是肮脏的，是各种丑恶的集合体，一定会走向灭亡，那么这个人是一定不会以一种积极的态度生活在这个世界上的，因为这样一个丑陋的世界是不值得自己为之付出的。拥有这样一种意念的人，他会是一个什么样的人呢？或许他会认为这个世界已经破烂不堪了，自己也没有必要再做一个正人君子了，发现大家都已经堕落了，自己还装什么清高呢？越是如此，人就会越走向自己的反面，作出很多有害社会和他人的事情。

这是一种错误的意念对世界观的不良影响，这种错误的意念，通过扭曲人们的世界观，来做一些反社会、反人类、反科学的错误举动，给社会和人类带来极大的灾难。因此，绝对不能忽视意念对一个人的世界观的影响，因为一个人的世界观一旦被影响，那将会是一件很可怕的事。

人生观，是一个人对自己的人生的看法，包括人生的意义、目的，也就是对于人类生存的目的、价值和意义的看法。一个人的世界观决定了他的人生观。人生观是一个人对人生的目的、意义和存在方式的根本看法和态度，有着十分丰富的内涵，其内容主要包括幸福观、苦乐观、生死观、荣辱观等。人生观面临的关键性问题是如何看待和处理个人的发展同全社会的共同进步之间的关系，即如何看待和处理公与私的关系问题。

人生观是对自己生命的看法和认识，是因人而异的。由于每个人的生活经历和环境遭遇的不同，对人生的意义和目的的认识也就会不同，人生观也就表现出截然不同的形态。但是，人生观同样是一种意念，既然人生观是一个人对自己生命的意义、目的等的一种意念，当然也会对一个人的为人处世产生深远的影响：如果一个人认为自己的生命存在是在为社会、为他人付出，是在做着有意义的事情，那么这个人一定会倍加珍惜自己的生命，一定会在自己的有生之年尽可能地做很多有意义的事情，这样才能成就一个有意义的人生；但是，如果一个人觉得自己活着没什么意思，自己的人生是暗淡无光的，自己没有什么意义再活在这个世界上了，那么这个人是绝不会为他人做一点有帮助的事情的，他只会注意到自己的生命是多么的乏味、无聊，他又怎么会看到人生的美好呢？

意念对一个人的人生观具有决定性的作用，什么样的意念就会有什么样的人生观。像焦裕禄、孔繁森等老一辈国家的建设者，还有像郑中华、郑培民、任长霞等新时代的优良品质的典范，在谈到为人处世上，他们都是当之无愧的时代英雄，是新时期爱国主义精神的典范，是值得每一个人学习的楷模。他们都是坚强、无畏的英雄，都是积极、乐观的进取者，都是为社会、为国家奉献一生的建设者。他们都拥有一种追求进步、追求更加丰富生活的意念，造就了一种追求生命的真正意义，竭尽全力为他人服务的人生观。

所谓价值观，是指一个人对身边的人、事件、物品的存在意义及其重要性的总体评价和看法。简单来说，就是对周围的人、事件、物品有没有价值的判断。一个人对于事物有无价值和价值大小的排序的体系，就是价值观体系。一个人的价值观和价值观体系是他的各种行为的心理基础和评判标准。价值观是人们对客观物质存在的反映，是人们用来评价事物有无价值和是否满足自己需求的准则。价值观作为一种意念，对人的思想和行为都能够产生深远的影响。假如一个人认为一件物品是有价值的，就会努力去追求，尽最大努力来获得；但是，如果认为一件物品是没有价值的，或者是对自己没有什么用处，那么，不管这件物品有多好、多珍贵，他也不会在这个物品上花费大的精力，也就绝不会去主动追求它。

价值观作为一种特殊的意念，有两方面的内涵：其一，是一种价值取向，主要影响到人们对一件事物的追求；其二，是一种有无价值的评判标准，作为评价一件事物是否具有价值和意义的标准，主要影响在于一个人对于真假美丑善恶等问题的评判。因此，价值观这种特殊的意念，对一个人为人处世的影响更加明显，作用也更加强烈。

意念是一种精神层面的力量，它在很大程度上决定了一个人的世界观、人生观和价值观，同时，一个人的世界观、人生观和价值观也是一种意念，对一个人的思想和行为能够产生强烈而又深远的影响。这也就是哲学上讲的社会意识对社会存在的能动作用：正确的意念决定正确的世界观、人生观和价值观，对人的为人处世产生积极的影响；错误的意念决定错误的世界观、人生观和价值观，对人的为人处世产生不良的消极影响。因此，一个人要想丰富多彩地活在世上，就必须拥有正确的世界观、人生观和价值观，也就是要有正确的意念。

顽强的意志可以征服任何一座高峰

在一个人的人生旅途中，会遇到许多高山，它们挡在人生之路的面前，是成功道路上重大的阻碍，阻挡了一个人向着目标迈进的脚步。这些高山有的是疾病，有的是困难，有的是失败，有的是挫折……形形色色的障碍就摆在面前。这时该怎么做呢？面对这些高山，是选择放弃，打道回府，还是费尽周折，绕很远的路，浪费大量不必要的时间和精力呢？

当然，面对挡在面前的高山时，以上的办法都不是最明智的，都不是一个希望获得成功的人应该有的想法。那么，面对这些阻碍时，该怎么办呢？请记住一点，困难再大，也不能阻挡有志者的前进；高山再高，也不能阻挡勇敢者奋进的脚步。山高人为峰，顽强的毅力可以征服任何一座高峰！

是的，在困难面前，在阻挡在人生道路上的高山面前，不能放弃，不能退缩。一个梦想成功的人，只有靠着自己坚强的毅力，克服眼前的这些困难，才能征服人生道路上的每一座高峰。山高人为峰的精神，是说人要有雄心壮志，更要有征服高峰的勇气和毅力。雄心壮志只有建立在勇气和毅力的基础上，才能成为可以实现的目标，否则再大的雄心壮志也只能是痴人说梦而已，是不可能实现的美好愿望罢了。

就在这个世界上，就在大家的身边，靠着坚强的毅力战胜困难，勇敢面对人生的英雄人物比比皆是。像大家都熟知的张海迪、史铁生、海伦·凯勒等，他们的人生是何等的悲惨，但是他们有谁被这样悲惨的人生所击倒？他们有谁在自己的人生道路上有过彷徨，有过放弃？没有，唯其如此，才能更加受到世人的称赞和褒扬。

支持教育，让所有因贫困而不能上学的孩子都能上得起学，这句话在一般人看来就是政府的一句宣传标语，可在白方礼老人看来，这就是自己一生为之奋斗的目标。自从1987年老人看到许多因为贫困而不能上学的孩子的那一天起，让那些上不起学的孩子都能上得起学，成了老人心中最大的愿望。于是，老人将几十年来靠蹬三轮积攒下来的5000元钱捐给了家乡，用以办学校，好让孩子们能上学。从那以后，准备安享晚年的白方礼老人，又重新蹬上了那辆三轮车。就这样风里来雨里去，拼命地积攒着为数不多的钱。后来老人卖掉了老家的两间房屋，成立了全国唯一的一家"支教公司"——天津白方礼支教公司。自己还是一如既往地蹬着三轮车，他把这些年来所赚的钱全部捐给了教育事业。而已是风烛残年的他，却过着极为俭朴的生活。

曾经有人计算过，这些年来，白方礼捐款金额高达35万元。如果按每蹬1公里三轮车收5角钱计算，老人奉献的是相当于绕地球赤道18周的奔波劳累。为了让贫困的孩子们能安心上学，白方礼老人几乎是在用超过极限的生命努力支撑着。在十多年的时间里先后资助了300多个大学生的学费与生活费。他为学生们送去的每一分钱，都是用自己的双腿踩出来的，是他每日不分早晚，栉风沐雨，用自己的一滴滴汗水积攒出来的，来之不易，来之艰辛，就说是血汗也毫不为过！照常理，像他这样的古稀老人不仅无须再为别人做什么，倒是完全应该接受别人的关心和照顾了。可他没有，不仅丝毫没有，而是把自己仅有的能为别人闪耀的一截残烛全部点燃，并且燃烧得如此明亮，如此辉煌！

看完这则故事，相信很多人都会被感动。是什么让一个羸弱的老人成为支教的典范？是什么让一个常人难以坚持的善举成为老人每天必须要做的事业？试想一下，老人的生活并不是很宽裕，在自己最困难的时候他又是怎样让自己继续做着这样一件善举呢？

其实很简单，这就是毅力。正是坚强的毅力推动着白方礼老人不断地坚持下去，将一件善举，一件对自己来说并不那么容易的善举坚持了十几年。如果说坚持做一件事是一个很大的困难，那么坚持十几年做一件对自己来说并不容易的善举就更是一个极大的困难。在这个困难面前，白方礼老人做到了，他坚持下来了，用自己十几年的善举诠释了什么叫作"山高人为峰"。如果说支教是一座高峰，那么，白方礼老人就是这座高山的顶峰。

现在有很多年轻人，在工作学习和生活中一旦遇到一点困难和挫折，就不想坚持，就想到放弃，这是很不正确的。看看白方礼老人的事迹吧，眼下正在因为困难而准备放弃的人，是不是该感到汗颜呢？请记住，不管遇到怎样的困难，一定要坚持下去，因为人的能力是无限的，只要拥有坚持下去的意念，靠着自己顽强的毅力，是可以征服世间任何一座山峰的。

有的人总是怀疑自己的能力，特别是当一个人面对失败，或者困难的时候，这个时候人的精神是最脆弱的，特别容易受到来自外界的打击和干扰，一旦有什么火花，像一句不经意的言语，都会引起自己对自己很严重的怀疑，产生一种很强烈的不信任感。

这个时候，请不要忘记人是有感情有精神的生命，在困难面前，人只要发挥出精神的力量，就会产生一种自己都意识不到的强大力量，任何困难在这种强大力量的面前只能是被消灭的命运。这个世上还没有什么是人类不能做的或者是做不成的。就是几年前还以为是神话的事情，在今天不是一样像太阳那样正常地存在着吗？就在不远的过去，载人航天、国际空间站、纳米材料等一件件高科技产品仿佛就像做梦一样，但是今天，这一切就都成了现实，成了人们生活中不能离开的东西。那些过去想都不敢想的东西，在今天还不是成了人们生活不可分离的一部分？像网上购物这样一件在现在看来很轻松的事情，在几十年前简直是天方夜谭，那会儿没有谁敢想象通过网络这样一个虚拟的平台，就可以实现资金和物资的流动，轻轻那么一点鼠标，大宗的自己喜欢却又在本地买不到的或者不愿出远门去买的东西，就可以在很短的时间内送到自己手中。可是，就在今天，随着互联网的兴起和发展，电子商务已经成了现代社会经济活动中的一个重要组成部分。这都是人类以其先进的大脑，发挥出精神的能动性，再加上人类的自强不息、艰苦奋斗，一点一滴创造出来的。可见，就算在今天认为不可能实现的事情，或许在将来有一天会变成现实；再高的山峰，也会有人将它征服，在山巅之上，也会有人类的足迹。

　　所以，应该看到自己身上的这种潜在的巨大能量，在面临失败和挫折时，请不要随便就把自己给否定了，要知道哀莫大于心死，自己都看不起自己，那还会有谁看得起呢？只要充分地发挥出意念的作用，再加上在意念的推动和激励下的艰苦奋斗，实现梦想还不是早晚的事吗？还有必要去自怨自艾吗？

用意念改变你的思维
——换个角度，柳暗花明

　　人的一生，没有永远都是一马平川的时候，命运总会在不经意间跟人开个玩笑，弄出一点伤感、一点挫折，这就好比是一路狂奔的时候，出现几个弯道、几个岔路，不管怎样，都会有一些能够折磨到一个人的东西。但是，也没有一个人的人生道路是一直坎坷不平的，所谓苦尽甘来，正是这个意思，往往就在一个人认为自己的道路已经走到尽头的时候，就在自己认为"山重水复疑无路"的时候，却往往会出现"柳暗花明又一村"的转机。

　　这个转机，可以看作一个人命运的转折点，或者叫作"拐点"，就是当一种状态已经维持很长时间的时候，出现的向相反方向的变化。人生之路漫长，谁也不知道自己的一生中究竟有多少的"拐点"，但是，当"拐点"一旦出现的时候，就意味着人生之路随之而变，或许眼前的"山重水复"就会在转瞬间变成"柳暗花明"。但是，这个对人生意义非凡的"拐点"是怎样出现的呢？是什么力量促成了"拐点"的出现和发挥作用呢？

　　意念，这种精神的力量又将再一次发挥它巨大而无穷的力量了。当一个人真的感觉自己走到了人生和事业的尽头，当一个人觉得自己的前面一片黑暗的时候，何不换一种眼光，从另一种角度来看待这个问题呢？不管是什么事件，它都有其两面性，从这个角度看，这是一件坏事，但当从另一个角度看的时候，或许这就是一件好事。同样，当一件好事在一个人的生命中出现，但是当换一种角度来看待它时，这或许就是一件坏事。所以，福祸相依，没有绝对的坏事和绝境，也没有绝对的好事和顺境。应当顺其自然，运用意念的力量，将坏事化为好事，将好事延续下去。

西汉时期的淮南王刘安，在他的《淮南子》中，讲了这样一个故事：在汉代的边境附近，住着一户人家。有一天，他家的一匹马跑到胡人的地方去了。于是，邻居们就都来安慰他，劝他不要太伤心。他说："这未必就是一件坏事。"结果，没过多久，这匹马不仅自己回来了，还带来了一匹胡人的好马。于是，邻居们都来祝贺他获得了一匹好马。他却说："恐怕这也未必就是一件好事。"后来他的儿子因为高兴，就骑着这匹胡人的马出去游玩，结果被摔下马来，摔断了腿骨。邻居们又都来安慰他，告诉他不要太难过。他说："这次恐怕不是一件坏事。"结果，没过多久，胡人大举入侵，边地的青壮年都被征调入伍，他的儿子因为断了腿，才没有被征发从军，这才免于受到死亡的威胁。这个故事的主旨是在说明福祸相依、世事转化的道理，同时也说明了没有完全坏的事情，也没有完全好的事情，关键在于看待问题的视角和立场。

当一个人觉得自己陷入绝境的时候，往往就会丧失奋斗的意念，也会丧失生存的意识，认为自己没有意义再活在这个世上了，于是往往就会产生轻生的念头。这就是被当前的迷雾和失败的阴影，引向了一个错误的世界观、人生观之中。但是，转念一想，这个世界上有什么事情是绝对有利的，又有什么事情是绝对不利的，有多少的环境是绝对的绝境？恐怕是没有的，那为什么还要用这么绝对的眼光来看待眼前的问题呢？为什么要用这么绝对的眼光来对待正暂时处于不利地位的自己呢？这不是"天不绝人，人自绝之"吗？想想看，如果一个人总是觉得自己会永远处在黑暗中，永远没有翻身之时，这个人怎么可能还会翻身？一个连自己也不愿去相信的人，怎么会转危为安，怎么会化腐朽为神奇呢？

年轻的岑文本，学富五车，才高八斗。一入仕途，却被安排做了一个史官。面对浩如烟海的档案史籍，面对常年也不会有人问津的官职，他从不认为这是失败，也从不认为这就是自己生命的归宿和终结。相反，他不仅在史馆把各项工作做得很好，而且他还利用在史馆工作的机会，遍览群书，使自己获得了更多的知识。三朝老臣萧禹对他说，"别人都会在别的地方为官，而你却选择了史官，你很有志气啊！"因为在他看来，当史官，这绝不是他的归宿，这也绝不是他的命运。即便是在成为史官后的几年中，他也从没有为自己的处境担忧过。

在别人看来，史官有什么前途，天天不是对着浩如烟海的档案史籍，就是一笔一笔地记载朝廷和各地发生的事件，实在没有什么未来。但是在岑文本看来，史官是总结天下大事，记录世间万象的重要人物，在史官的眼中，有各朝各代兴衰的本末，有古往今来人臣将相的为人处世和最终命运，这正是对自己的补充和丰富。这不是什么不好的工作，相反却是朝廷一等一的重要之职。这就是一种从另一个角度观察事物的意念，这就是一种使自己永远处于有利地位的意念，不管自己身处何地，都应该有一种身处要地的意念，首先让自己不能轻视自己。这样一来，即便是在黑暗中，即便是在困境中，也不会丧失生命的勇气，也不会丧失奋斗的勇气。正是凭借这种"不管风吹浪打，我自闲庭信步"的意念，岑文本就这样在史官的位置上干出了一番事业。最终凭借自己的真才实学得到唐太宗的赏识，成为贞观重臣。

假如当初岑文本没有做史官，或者在史官的位置上自暴自弃，那么在他眼前的永远是黑暗，他的人生道路将是坎坷不平的。如果他永远活在自己给自己设定的这样一个黑暗的环境中，他怎么会得到皇帝的赏识，成为当朝的重臣呢？这就是意念的作用，意念帮助他获得了一个看待问题的全新的角度和眼光，成就了他一世英名。

一个人能否获得成功，选择一个好的行业固然重要，但是即便是选择了一个好的行业，却没有一种独到的眼光和看待问题的角度，那么也不会成功，即便是这个行业的前景再好，这个行业的利润再高。如果没有一个正确的思维和独到的眼光，所有的一切只能是过眼云烟，好看一时罢了。因此，眼光也就是思维的方式和角度，在很大程度上决定了一个人的事业和人生是否能够获得成功。所以，用意念来转变你的眼光和思维已经势在必行，同时这也是一件迫在眉睫的事。

但是，很多人都会说，一个人的眼光是一件早已注定的事，很难发生改变的。现在看来，这种观点恐怕就只是一种托词了。因为大家拥有一件有强大力量的武器——意念，用意念来实现思维方式和看问题眼光的转变，在现在已经不是一件很困难的事情了。

第一，坚定信念。坚定的信念，就是一颗不达目的誓不罢休的心，就是一种坚持到最后一兵一卒的顽强的战斗意念。拥有一个坚定的信念，就等于拥有了一套力量强大的助推器，它会推动一个人向着自己的梦想前进。这也是一个人在面对困难的时候，能否坚持下去的关键因素。

第二，善于发现身边的力量。这就要求人们能够尽可能地多利用他人的帮助。因为有很多的问题是自己所不能解决的，必要的时候，必须依靠他人的帮助。拥有他人的帮助并不是说什么都要靠别人，要知道，办好一件事情最重要的力量是自己，只有自强不息才能取得最终的成功。

第三，不要意气用事，不要冲动。意气用事的后果只能是鸡飞蛋打，什么事情也做不好，容易导致已经得到的再次失去。而冲动的后果则是害人害己。往往很多即将成功的事情，到最后就会毁于意气用事和冲动上。因此，当遇到困难和挫折的时候，绝不能意气用事，不能冲动，不要使蛮劲。要学会转变思路，理性地分析眼前的困难和问题。

第四，敢于打破常规，发挥创造性思维。有的习惯很容易导致思维定式，这对于一个人的发展具有不良的影响。因此，要想获得成功，就必须敢于打破常规，充分发挥意念在创造上的作用，充分发挥自己的创造性精神，实现思维和意念的跨越式发展。

以上仅仅是对这个问题提出的几点简单的陈述，关于如何获得正确的眼光和良好的思维模式，还需要在生活中一点一滴地从身边做起，在社会实践中，不断增强意念的能力，不断让自己获得新的收获。

脑中有思路，脚下才有出路

有的人时常会抱怨，说自己的生活没有了乐趣，活得没劲。特别是当一个人承受失败、遭遇挫折的时候，就会觉得人生没有了动力，不知道自己该追求什么，不知道自己该做什么，这个时候，一定不要怨天尤人，应该先看看自己，看看自己处在一种什么样的精神状态之下，看看自己心里有什么样的意念。其实，不用费太多劲，就会知道自己正在被一种消极的意念困扰，或者说是被一种消极的精神所笼罩。这个时候，大家需要一种积极进取的意念，需要一种不怕困难，勇往直前的意念。因为，意念的力量是无穷的，只要有这种意念，就会有人生的动力。

谁说在平凡的岗位上就不能创造举世瞩目的成果，谁说艰苦的工作就不能造就一个完美的人生？这只不过是一些没有追求的人的借口，这只不过是一些软弱的人为自己的开脱之词。现在就请大家看一看，在平凡岗位上的人是如何创造辉煌的，在艰苦的工作中是怎样造就完美人生的。

许振超就是一个在平凡的岗位上创造辉煌的人，他也是一个在艰苦工作中创造完美人生的人，如今"振超精神"已成为全国各行各业广为传颂的时代精神。他的生命力充满了奋斗的动力、前进的动力，原因就在于他有着一种极其有力量的意念。许振超，山东省青岛前湾集装箱码头有限公司工程技术部固机经理。许振超参加工作三十多年来，就以一种"干就干一流，争就争第一"的精神，立足于自己的本职工作，干一行，爱一行，精一行。他在工作之余，坚持自学，苦练技术，靠着自己的努力，练就了"一钩准""一钩净""无声响操作"等绝活，并靠自己的能力，模范性地带出了"王啸飞燕""显新穿针""刘洋神绳"等一大批具有社会影响的著名产业品牌。他带领团队以高标准、高要求，拼命地工作和研究，在工作上取得了一个又一个的成就。他和他的团队先后六次打破集装箱装卸的世界纪录，使"振超效率"令世人赞叹，将"振超精神"名扬四海。他的精神和努力，创造了一个世界知名的服务品牌，并依靠自己的技术，为顾客提供了超值的服务，为青岛港吸引了大批量的世界大型船运公司的生意。2006年青岛港集装箱的吞吐量就已经达到了770.2万标准箱，整体实力位列世界第11位。

许振超在日记中写道："悟性在脚下，路由自己找。"正是凭着这种意念，许振超学得真功，从工人迈进了技术主管的行列，并创造了世界纪录，并使"振超精神"名扬天下。这就是意念的力量，正是这种敢打敢拼的意念，使得许振超从一名普通的港口工人成长为管理者，从一个名不见经传的小人物变成一种精神的代名词，在这里面，起到决定作用的无疑正是那种永不低头、敢为天下先的意念。只要有了这种意念，就有了人生动力，就不会迷茫，不会失落。

在人生失意的时候，在面临困难而不知所措的时候，恰恰需要的是意念，是那种"干就干一流，争就争第一"的意念，是那种永不言败的意念，是那种敢打敢拼、敢为天下先的意念，在这种意念的推动下，人生就不会在迷雾中彷徨，人生就不会像风雨中的树叶一样飘摇，人生就不会像茫茫大海中的一叶扁舟那样无助。看看许振超，从一位普普通通的港口工人到一位名动天下的劳模，这种意念为他提供的不仅仅是精神上的支持，更重要的是为他的人生提供了动力和奋斗目标，就像飞机上的引擎，推动着他的脚步，为他的人生目标提供源源不断的动力，为实现理想保驾护航。

我们也可以想象，就在许振超向着理想奋斗的时候，他要走的道路有多么艰难，他的生活是多么困难。为了不让外国人拿走大量的维修经费，他要求自己一定要掌握桥吊故障的维修技术。就是在这种意念的指引和激励下，每天下班后，他就拿着设备的模板，把自己埋进自己的小屋里。要掌握这门技术，他要面对的是密密麻麻的上千个电子元件和弯弯曲曲的印刷电路图，在技术上他不光要把它们分辨清楚，还要将这些一笔一笔亲自绘制成图。每一个电子线路都会有上千个连接线，同时又有大量的分支，这其中的每个点、每条线，许振超都要用仪表试了又试，以便让自己能够尽快找出其中的奥妙。这样精细的活，眼睛就会特别累。当自己累得看不清的时候，许振超就取出冰块，敷上一会儿，接着再干。就这样，许振超用了整整4年时间，终于攻克了所有技术上的问题，掌握了这一维修技术。

这不是艰苦的生活吗？这不是辛勤的劳作吗？许振超一没有怕苦，二没有嫌累，而是朝着自己的追求不断前进。这靠的是什么？不就是这种不怕苦不怕累的意念吗？不就是这种"干就干一流，争就争第一"的意念吗？是的，只要有了这种意念，人生还会因为困难而迷茫吗？人生还会为了挫折而丧失进取心吗？人生还会因为艰苦而迷失目标吗？不会！只要有了这种强有力的意念，人生就会有目标，任何人只要有了这种意念，就都会像许振超一样，生命中充满了动力，不断地推动自己向着既定的目标奋力前进。

人生之中难免会有受到刺激的时候，或许就是在这个时候，人们往往就会产生一种勇往直前的精神，这正是这种永不低头的意念的力量之所在，同时这也是一个人能够获得成功的重要原因，也是实现个人人生价值的必经之路。

只要有了意念，只要有了这种永不低头、不怕困难、坚持不懈的意念，人生就会充满动力，人生就不会迷茫，人生就会像初升的旭日，充满勃勃生机。这个时候，还会怕什么困难，还会怕什么挫折呢？这些在眼前的困难，在这种意念的力量之下，就显得那么微不足道了。

所以，不论什么时候，不论做什么事，都不要害怕困难，都不要害怕，勇往直前，永不低头，成功也许就在不远的前方。

第八章

积极的意念
升华为
强大的力量

　　每个人都有自己的理想和目标，都希望自己的事业能够像火箭一样一飞冲天。可是谁都知道火箭的起飞需要强有力的助推器，放到个人的奋斗中就是动力。那么是什么点燃了火箭飞天的助推器呢？放到个人的奋斗中就是什么点燃了个人奋斗的动力呢？这个火种是什么？本章内容就是要告诉每一个人，意念就是点燃动力的火种。只要有意念在，人就会有奋斗的动力，就会像火箭那样在强有力的助推器的推动下，向着遥远的太空飞去。

　　生活总是平淡的，日子久了难免会产生懈怠的情绪，追求理想的动力就会减弱，尤其是当遇到困难的时候，这种动力就会受到严峻的考验，甚至会丧失前进的动力。这个时候最需要的就是这样一把火，重新点燃希望，点燃奋斗的助推器，推动个人的奋斗，最终到达梦想的彼岸。

从自己的心灵中寻找温暖与动力

在现实生活中，你是不是会常常感觉到很孤独、很无助？就在自己决定做什么事情的时候，是不是总能感觉到来自各方面的阻力？是不是常常会在经历了人生的悲欢离合后感叹人世间的世态炎凉？就在这个时候，你会觉得人生实在是没意思，什么事情也做不成，还要受到来自各方面的压力与嘲笑，不如放弃吧。乍一看，这有点像看破世间万象的意思，其实则不然，这是一种在现代社会中普遍存在的正常心理，是在受到压力的情况下产生出来的一种反抗意识。这种意识告诉人们再怎么努力也不会有什么收获，这个时候的人是最脆弱的，因为在他的心里，没有了希望，没有了温暖和动力。

相信没有人会希望自己走到这一步，每一个人都希望自己的内心充实，富有激情，浑身有着使不完的劲，但是当遇到困难的时候，前进受到了阻挠，该怎么办呢？在这个时候，请不要慌张，也不要认为自己无能为力，其实这并不是一个真正的自己，而那个真正的自己或许就在自己内心的某一个被遗忘的角落里睡觉呢，只要唤醒他，什么困难就都会迎刃而解的。

俗话说得好，心灵是力量的源泉。其实每一个人的内心都是一汪清泉，是充满了神秘力量的泉水，在这里有很多被遗忘或者从没有被发现的能力，而要战胜面前的一切困难，就必须发现并加以充分地利用，这样才能无往而不胜。在这里有乐观的泉水，有坚强的泉水，还有很多能够给人以温暖和动力的泉水，它们就隐藏在一个人的内心深处，只要去发掘，就会有很大的收获。

　　心中的这种温暖与动力是多种多样的，在不同的场景下有着不同的表达方式。其实这并不一定是上刀山下火海那样的不顾一切，也不是盲目自大目空一切的傲气。而是一种认识到自己并不孤单、并不无助的归属感，是一种海内存知己、天涯若比邻的豪迈，也是一种爱人爱己的博爱之心；这种动力可能是一种真实的需要，可能是一种义无反顾的仗义，也可能是一种自身肩负的使命感和责任感等。总之，这是一种存在于自己内心深处的爱与坚韧。

　　有这样一个真实的故事。有一个姑娘，父母都是最普通的工人。一次不幸的工伤，让姑娘的父亲左眼失明了。几年后，她的父亲又因病做了大手术。可是不幸再次降临到这个家庭，此后不久姑娘的母亲又失业了，整个家庭就靠着父亲那一点微薄的工伤补助过日子。天一下子塌了下来，家庭的重担压在了这个女孩身上。生活和学习一下子成了摆在她面前最大的困难。就在这时，这个坚强的姑娘做出了一个决定：打工，自己赚钱供自己上学。

　　像这样的困难并不是一般人所能面对的，可是它却偏偏降临到一个小姑娘的头上，这个时候再多的伤心、再多的眼泪，又能起到什么作用呢？只有从心灵深处让自己坚强起来，发掘心灵中的温暖与动力，靠自己的努力让自己有生活的资本，让自己有受到教育的基础。心灵中的坚强，是什么都不能代替的，也是任何困难都不能战胜的。就从作出这个决定的那天起，这个坚强的姑娘便开始了自己的打拼。

　　一开始先跟同学借了五十元钱，自己买了一点手工艺品在学校门口摆了个小地摊，正式开始了自己的奋斗。虽然在一开始的时候进展得不是那么顺利，但是时间一长也就适应了。一个月下来，她赚了八十元钱。这是她第一次靠自己的努力赚了钱。以后她又做起了文具、小饰品，还有豆包等，在接下来的时间里，她靠着自己的坚强和勇敢为自己开辟了一个自食其力的天空。在赚钱的同时她并没有放松学习，就这样靠着自己的努力，最终完成了高中的学业，并在高考中以满分作文被某大学录取。

　　就是这样一个柔弱的小姑娘，在面对突如其来的家庭灾难的时候，她没有退缩，没有一蹶不振，而是用自己柔弱的肩膀扛起了生活和学习的重担。不得不说这是一个从外表到心灵都一样坚强的女孩，在她心中，充满了温暖与力量，她看到了希望，也看到了一个更加广阔的天空。

　　跟她相比，大多数人的生活要好得多，但是为什么还是在困难面前抬不起头来，被生活中的一点小小的困难和磨难所困扰，看不到力量的所在，更看不到希望，生活失去了动力，生活中没有一丝的温暖？这样的人除了天天怨天尤人、自怨自艾之外，还能干什么呢？可能他们就会问，哪里有温暖？哪里有力量？其实这就是一个很愚蠢的问题。在大家看完了上面的故事后，相信都已经找出了温暖和力量的源泉。其实这些温暖和力量就存在于每一个人的心里，就像故事中的小姑娘一样，从内心认识到自己只有靠自己才能获得生活和学习的机会，从心灵的深处找到了那份坚强和勇敢。

　　当然，我们从小到大受到了很多关于自强的教育，从张海迪到海伦·凯勒，从史铁生到罗斯福，他们每一个人的身上都有一种常人难以觉察的自信。这种自信是从哪里来的？无非就是从内心深处那充满神秘力量的泉水中来的。一个人不管遇到再大再多的困难和麻烦，首先要从自己的内心中去寻找温暖与力量，因为这才是克服所有困难的力量源泉。只要有了这种力量，就会从精神和外表散发出一种天下虽大唯我独尊的自信与霸气。这时，一个人的意念也就会随之增强，别人也就会很容易地感觉到这个人的存在，自己成功的机会和把握也就会随之增加。

　　其实，每一个人都是一件精美的艺术品，每一个人的存在都有其价值，人类存在于这个世上，并不是为了体验世间的各种灾难，而是以一种爱的方式践行上天的道义。因而，上天在创造人类的时候，就给每一个人的心灵中放置了一些自己也不易体察到的力量，这就是意念的力量。要战胜困难，将爱散布人间，就要有意念的力量，否则生活之路将会步履维艰。从心灵的深处，发现一个真正的自己，才是目前每一个人应该做的。

自尊的意念造就
严正的信念力量

苏霍姆林斯基曾说过："人类有许多高尚的品格，但有一种高尚的品格是人性的顶峰，这就是个人的自尊心。"如果说用微笑面对挫折是一种极高的人生境界，那么用自尊对待生活则是一种值得称道的完整人生。自尊是一种健康良好的品质，一个人可以没有鲜花和荣誉，但一定不能没有自尊。自尊与自信其实是一对孪生兄弟，人首先要有自信心，然后才有自尊心。俗话说：要想人尊己，先得己重人。所以，不管别人是否尊重你，你自己要尊重自己。古人云：人到无求品自高。敬人者人敬之。人尊人重，人敬人高。只有自尊才能尊重别人，也才能受到别人的尊重。一个人若自己都不能自信自强，自尊自爱，何谈别人的尊重与钦佩呢？更谈不上强大的气场与成功的人生。

自尊不是自私自利，更不是狂妄自大，而是做人最起码的原则。自尊是一个人的脊梁，是无畏的气概，是一个人必备的操守，一个人无论在任何时候，都必须挺起生命的脊梁。自尊提供给生命的不仅仅是一种依托、一种支撑、一种凭借，而是永久的充实、永远的力量、永远的精神召唤。自尊是人的一种生存姿态，犹如一泓清纯的山泉，无论在何时何地，总能给人以清洁纯净、晶莹剔透的美感。自尊又像是一截钢筋，无论屹立在何处，都是那么铁骨铮铮，精神抖擞，从容自如。

"不为五斗米折腰"这则成语典故，就是用来比喻有自尊、有骨气。该故事源于《晋书·陶潜传》："吾不能为五斗米折腰，拳拳事乡里小人邪。"

陶渊明又名陶潜，是我国最早的田园诗人。他的许多创作都是以自然景物和农村生活为题材，这其实与他的经历和处境有着密切的关系。公元405年秋，为了养家糊口，陶渊明来到离家乡不远的彭泽当县令。同年冬天，郡太守派出一名督邮来彭泽县做督察。督邮虽品位极低，但权势凌人，在太守面前说话的好坏直接关系到县令的仕途。这次派来的督邮是个粗俗傲慢之辈，他一到彭泽驿站就差县吏去叫县令来见他。陶渊明平时蔑视权贵，不肯趋炎附势，对这种拿着鸡毛当令箭的人极为不满，但碍于情面不得不去一见，于是他立马动身。然而，县吏却拦住他说："大人，参见督邮要穿官服，并且束上大带，不然有失体统，督邮要是乘机大做文章，会对大人不利呀！"此刻，陶渊明忍无可忍。他长叹一声："我不能为五斗米向乡里小人折腰！"说罢，他取出官印封好，并写了一封辞官文书，随即离开了只做了八十多天县令的彭泽。

就像这则故事告诉我们的一样，自尊其实是一种丰富的内涵修养，虽然容易让人误以为是自负清高，但它却从不卑躬屈膝、趋炎附势，更不会为世俗尘嚣而乱了方寸，为利诱蛊惑而摇摆不定。自尊不屑于高谈阔论、纸上谈兵，但不鸣则已，一鸣惊人。自尊的力量一旦迸发出来就掷地有声，豪气万丈。正所谓：侠骨、傲骨、铁骨，只要有了自尊，即使化为一堆白骨也有千金之贵；警语、壮语、隽语，只要有了自尊，即使是只言片语也是一言九鼎。

自尊意味着强大的动力，无穷的力量，因为它完全可以变被动为主动，化腐朽为神奇。司马迁受宫刑而怒作《史记》，孙膑削双足而血凝兵书，吴运铎身残志坚把一切献给了事业，张海迪高位截瘫而自强不息……自尊是人生杠杆上不可缺少的支点，可以激发出巨大的潜能，带来无限的力量。自尊可以坚守自己的信念和人格，有着明确的奋斗目标和人生方向。22岁的雷锋为什么青春永恒？赖宁何以成为过火的凤凰？焦裕禄怎样成为公仆的楷模？孔繁森又是如何在这个急需感动的年代成为一种向上的精神？……所有的答案即是自尊。

自尊就是迎风飘扬的旗帜，在人类精神和灵魂的制高点上永远召唤呐喊。自尊就是堂堂正正做人的尊严，就是正义凛然的富足人生。

20世纪初，徐悲鸿在欧洲留学时，曾碰到一个洋人的挑衅。那个洋人轻蔑地说："中国人愚昧无知，天生就是当亡国奴的料，即使送到天堂深造，也成不了大器。"徐悲鸿义愤填膺地回答："那好，我代表我的祖国，你代表你的国家，等学习结业时，看到底谁是人才，谁是蠢才！"一年之后，徐悲鸿的油画就受到法国艺术家的好评，此后数次竞赛他都稳摘桂冠，他的个人画展竟让整个巴黎美术界刮目相看。这样杰出的成就，使那个洋人自惭形秽，远不能及。

当然，现实生活中，并不是每个人都要做风口浪尖上的成功人物，才可谓是自尊自信的良好表现。其实，无论在扮演什么样的角色，做一个最好的你，就是一种自尊自爱的表现。如果你不能成为山顶上的苍松，那就在山谷里做棵小树吧，但一定要当一棵卓越的小树；如果你不能是一只名贵的麝香鹿，那就当一尾普通的小鲈鱼吧，但要当湖里最引人注目的小鲈鱼。一艘轮船上，我们不能全是船长，必须有人是水手，大家各尽其能，各得其所，但最重要的是做好我们应做的事。因此，决定成败的不是你地位的高低、权力的大小，而在于做一个最好的你。

自尊自爱是一种对自我本身的关注与肯定，是一个人的快乐之源，成功之始。自尊自爱就是要充分肯定自己，从心底认同自己，告诉自己"我一定能行"，并表现出强烈的自信。其实，自信是自尊自爱的必要前提，一旦有了自信，你会更加有激情，快乐也会不期而至。俗话说：自信也是成功的一半。毋庸置疑，无论是商海大潮中的弄潮儿、叱咤风云的政界人物，还是文体界的演艺明星，他们的成功之花都离不开自信的长期浇灌与滋润。

自尊自爱就是要发现自己，完善自己。"古之圣人，其出人也亦远矣，犹且从师而问焉。"金无足赤,人无完人。在充分肯定、认同自己的基础上,有必要取长补短,虚心请教,努力让自己变得更加完善。在鲜花与掌声的背后,要保持清醒的头脑和宁静的心田,从而使自己不会迷失方向。人不可有傲气,但不可无傲骨。时刻保持一颗平常心,正视自己的成绩,发现自己的不足,从而让自己在人生旅途中取得更大的进步。

自尊自爱就是要提升自己,超越自己。我们的社会始终是在不断变化发展的,每个人也应当与时俱进,不断进步发展。当人们问球王贝利哪一个进球最精彩的时候,他回答"下一个"。这就是信心与超越。张海迪身残志更坚,学会多门外语,还学会了针灸,努力使自己成了一个对社会有用的人,这是对命运的抗争,也是对人生的超越。越王勾践含羞忍辱,卧薪尝胆,最后一举打败吴国,这是对自己的反思,也是对历史的超越。超越自我,给我们以力量去克服艰难险阻,从而飞向更高更远的天空。超越自己,是一种态度,更是一种美德,它让你在平凡的岗位上一样可以很优秀。朋友,鼓起勇气,超越自我,成功就在不远处等着你。

自尊自爱就是要珍爱自己,尊重他人。要想人尊己,先得己重人。每个人都希望受人尊重,但受尊重的前提是尊重别人。毕竟,尊重也是相互的。其实,尊重很容易做到,因为它是得到帮助时道声谢,妨碍别人时道句歉,为自己的努力加油,为他人的进步鼓掌,为团队的成功喝彩。一句亲切的问候,一声诚挚的祝福,一个支持的眼神,一个鼓励的手势……就像爱的原理一样,只要人人都献出一点爱,世界将变成美好的人间。

自尊是气场的门面,自尊自爱就是要拥有一个富足的心灵,就是要从现在开始,从身边的点滴开始,以一个成功者的姿态呈现在生活的每一个角落。人的一生是充满期望效应的,你怎样想象,怎样期待,就会有怎样的人生。只要你坚定信念,自尊自爱,不断超越,你就会发现自己拥有"无限的能力"与

"无限的可能"，你就可以展现自己的人格与相应的魅力。其实，一个人对自己的自信程度决定了对自己爱护、尊重的程度。只有懂得先尊重、爱护自己，才能懂得尊重、爱护别人，而别人也才会相应地尊重、爱护你。一个强大的气场，一个成功的人生，离不开充分的自信与自尊。

坚持的意念炼成决绝的忍耐力量

　　人生之路曲折而又漫长，这是一条荆棘丛生的坎坷之路，其间又不乏豺狼虎豹，该怎样来走这条看起来如此难以前行的道路呢？当一个人在人生之路上遇到困难和挫折的时候，又该怎么应对呢？一个人该怎样获得自己梦寐以求的东西呢？其实道理很简单，重点就在于坚持。

　　常言道"坚持就是胜利"。这句话在当下可能是使用最多的几句话里的一句吧，大家从小听到大，恐怕一提起来，就会觉得很俗。可是，要想在人生路上有所斩获，那就请收起你所谓的新潮，仔细回味一下这句在某些人眼中"俗不可耐"的话吧。

　　有很多人都经历过那令人恐怖的高考，还有那黑暗的高三。高三的那一年是何等的艰苦啊！没白天没黑夜地看书、做题，天天把自己埋在课本和复习题的海洋里，真可谓是暗无天日啊！请仔细回忆一下那是一种怎么样的境况。如果说只是短短的几周那还好说，可那是一年啊！如果再让你回到高三的那一年，相信没有人会乐意，因为实在是太痛苦了。但是，只要靠着自己的努力坚持下来了，就会在高考中取得一个理想的成绩，那时候很多人就在想，大学的生活是多么的美好啊！这个憧憬，让一代一代的人坚持了下来，这些人中间，有你有他。请试想一下，这么艰苦的一年都能坚持下来，那么生活中和工作上的那点苦难又算得了什么呢？那也只不过是短暂性的，只要稍稍咬紧牙关，再坚持那么一点就可以挺过去，请不要为了这一点点的不顺利和小挫折而垂头丧气，甚至失去生命的意义和兴趣。

　　曾经发生在自己身上的事往往是最有影响力的，就像高考一样，大家都曾经历过，所以肯定会有很深的感触，但这只是人生中的一件很小很小的事，比起当年红军的二万五千里长征来说，实在是小巫见大巫。长征中，有国民党军队的围追堵截，有各种复杂的地形的阻挠，爬雪山，过草地，伟大的红军战士不是也一样坚持下来了，那又是一种怎样的英雄气概？所谓"苦不苦，看看红军两万五"，在新时代的今天，长征精神不也一样是人生路上的一条坚持的信念吗？一个人能否最终完成自己的长征，到达胜利的陕北，靠的不也是在人生路上的坚持，在风雨中的坚韧吗？

　　相信这个道理大家都懂，关键是在生活中能够让自己鼓起勇气，直面人生中的各种艰难险阻。懂得坚持的人，那一定就是人生路上的强者，胜利的曙光，一定在照耀他们。

　　居里夫人，相信大家对她都不会陌生，她还不是在几千几万次的试验后，才提取到镭这种元素吗？为了能够成功提取到镭，她进行了数以千计的试验，不惜冒着放射性危险，在各种困难和危险面前坚持下来，最终才成功地获得了那一点点的元素镭。试想当初如果她因为几次试验的失败而放弃，因为惧怕放射性危险而望而却步的话，那么她又怎么能够成功提取到这种极为稀有的元素镭呢？可见，这种坚持的精神和毅力，在一个人的事业中起到了多大的作用。

　　这个世上没有什么魔法能够让一个人一夜间成为家喻户晓的名人，也没有什么神奇的超自然的力量能够让一个人在短时间内成为身价过亿的富豪。回顾那些名人和富豪的创业历史，其中无不包含着一种坚强的毅力，他们无不是在漫漫长路上坚持，无不是在风雪中保持坚韧。记得有位著名的学者说过，你既然期望辉煌伟大的一生，那么就应该从今天开始，以毫不动摇的决心和坚定不移的信念，凭自己的智慧和毅力，去创造你和人类的快乐。这句话道出了坚持与人生的最微妙的关系：要想获得光辉灿烂的人生，就必须用坚持的精神不断追求与创造。

爱因斯坦曾经说过，"有百折不挠的信念支持的人的意志，比那些似乎是无敌的物质力量具有更强大的力量"。这真是一句至理名言。爱因斯坦正确地看到了这种坚持的力量，并给予了高度的评价。的确，坚持的意念是人生中最有力的精神信念，能够在你处于困境的时候，给你无比强大的力量，让你能够挺过所有的磨难，到达胜利的彼岸。就在那次汶川地震中，那些在灾难中幸存下来的人，不就是靠着这种坚持的力量才克服了那么强大的灾害吗？那些被压在废墟下的人们，但凡没有一点坚持的意念，但凡对自己对生命失去了信念，还能够坚持到救援人员的到来吗？要知道，那种恐惧，那种黑暗，就是对一个人最严厉的考验，不光考验着一个人的身体承受能力，那更是一种对精神的考验。一个人可以没有坚强的体魄，但不可以没有坚强的意志。

坚强的意志不仅仅是一个被社会广泛赞扬的精神态度，更是生命的守护神。唐山大地震中，不是有一些人就靠着喝那盆没来得及倒掉的洗脚水活下来的吗？在一次矿难中，不是还有一些人是靠着喝自己的尿才坚持下来的吗？这是什么？这不就是坚持的意念带来的强大力量吗？这不就是大家天天在新闻中看到的某某矿难，多少人被成功援救的原因吗？

英国著名诗人华兹华斯说过："一个崇高的目标，只要不渝地追求，就会成为壮举；在它纯洁的目光里，一切美德必将胜利。"一个崇高的目标，怎样才能成为现实呢？只有矢志不渝地追求，孜孜不倦地朝着这个目标而努力不止。只有这样，成功才会成为现实，而不再仅仅存在于个人的想象和睡梦中。刘翔是中国田径的代表人物，在他成功的背后，是什么让他在极其艰苦的训练中挺过来的？是什么让他在一次又一次的国际大赛中获得奖牌的？是坚持，是坚强的意志。浅尝辄止，畏惧困难的人，是不可能走上世界最高领奖台的。刘翔的坚持和毅力，就是大家为目标奋斗的参照。在看待一个名人的时候，不应该只看到他成功时的光辉，更应该看到在这种光辉之后的汗水和努力。而这种汗水和付出，正是大家应该学习的。

坚持就是胜利，现在反复在说着这一句被说过无数遍的话，很多人很可能已经听出茧子了，但是，作为一种社会精神，作为一种成功的支撑，还是应该引起人们足够的重视，并且应该在生活、学习、工作的实践中亲身践行。生活这一条长长的路上，就像天气一样，不会天天都是大晴天，总会有阴晴变化，总会有风雨雷电。如果遇到风雨雷电，就总是退缩，不敢往前迈步，那么离成功的那一天就会越来越远，是不会取得什么成效的。所以，在人生的长路上坚持，在风雨雷电中坚韧，这样不仅能够培养一个人坚忍不拔的人生品格，更是任何一个人取得成功的必由之路。

就在自己遇到困难和挫折的时候，请多想想那些被埋在废墟里的人，想想他们是怎样克服那种恐惧，怎样战胜那种黑暗的时光的，这时，你就会觉得自己眼前的这点困难其实算不了什么，即便再大，也没有像他们那样，面临生与死的考验，即便是像他们那样到了不得不面对生与死的时候，大不了跟他们一样，要相信自己一定能够像他们那样，战胜困难，重获新生的。

请给自己写一张纸条，上面就写：在长路上坚持，在风雨中坚韧。相信这句话一定会让你鼓起勇气，战胜困难的。坚持的意念加上坚韧的毅力，在这个世界上就没有过不去的坎，没有克服不了的困难。

意念点燃梦想，梦想创造一切

　　每个人的心中都会有梦想，就在人生这条漫长的旅途中，梦想或大或小，或短期或长远，大家都在为自己的梦想而努力拼搏着。农民工，这个在当前中国社会中的一个特殊群体，谁说他们只能从事最低级、最繁重的工作？谁说他们就不能有自己远大的梦想？就在那首《春天里》唱响整个中国的时候，所有的歧视、所有的不屑一顾都将成为泡影，人们的视线再一次转向了农民工这个特殊的社会群体。

　　旭日阳刚，一个听起来血气方刚的名字，就是这个音乐组合，创造了一时的光辉灿烂。旭日阳刚是一个由农民工歌手组成的音乐组合，吉他手名叫刘刚，主唱王旭。2010年8月有人将旭日阳刚唱歌的视频《春天里》上传到网上，使旭日阳刚一下子火了起来，受到不少网友和音乐工作者的追捧，从而摇身变为了网络上的名人。他们以其质朴无华的演唱风格红遍了各大视频网站以及各个网站的微博。

　　旭日阳刚组合由黑龙江人刘刚与河南"大叔"王旭组合而成。

　　王旭，这个本应是一个本分的庄稼人的河南汉子，却干着不是那么本分的事情。1966年的一天，这个名叫王旭的人，生于河南省商丘市国营民权农场。在他高中毕业后，买了第一把吉他。那时的王旭就是一个不安分的人，总是在农忙之后，和一些志同道合的爱好音乐的人一起，到各地去演唱。在2000年的时候，经亲戚介绍，王旭到北京烧锅炉。而后10年，他在北京和开封之间游走，卖过水果、水煎包，唱过酒吧……一直游历在生活的底层。王旭很喜欢玩民谣吉他，而且唱得一嗓子好豫剧，平时最喜欢看的节目就是豫剧大师的表演。他走了很多地方，把民间快要失传的音乐素材和一些沧桑的好声音搜集来配唱。王旭尝过太多艰辛，但他始终怀揣着对音乐的梦想。最终还是拿起吉他，站在了北京的地下通道。每到周末，王旭就带着吉他，到地铁站演唱那些他最熟悉的歌曲。

经历与王旭颇为相似的刘刚，于1981年生于黑龙江省牡丹江地区穆棱市河西乡三兴村。早年曾当过兵，退伍之后去了北京。2003年开始"北漂"已有八年的刘刚，虽然没有很高的文化，但在他流浪唱歌的6年里，他始终坚持着自己对音乐的梦想。就在刘刚最艰难的时候，有的人说像他这样做个流浪歌手很愚蠢，是没有什么前途的。与此同时，亲戚朋友也在劝他，放弃这个愿望，回到家乡老老实实地做个本分人。他却说，自己这些年是在和自己战斗，他最大的收获是明白了许多做人的道理，也感受到了人与人之间的真情。他说，自己一无所有，年龄一天天增长，唱歌也许没有什么出路……然而这些忧虑，都在他听到观众给予的祝福和鼓励时被冲淡了。

就在他们两个人还没有聚集在一起的时候，各自都已经小有名气了，当他们真正地组合在一起后，就又取得了一定的社会知名度。时过境迁，经历了春晚的他们，虽说现在已经有了一定的名气，但是回想起当初的奋斗历程，仍然有很多值得现代人来学习的。

他们的组合可以说是中国最有冲击力的组合，两个农民，两个生活在社会最底层的人，就是凭借着对音乐的执着和渴望，他们走到了一起，他们走到了《星光大道》的舞台上，走到了央视春晚的舞台上。他们经历了太多的磨难和世态炎凉，想当初就为了生存，他们曾把锅卖了来买馒头。可是就在这样的艰苦条件下，他们也没有放弃，就仅仅凭借着心中对音乐的那份执着与坚韧。

这是一种信念，是一种不达目的誓不罢休的信念，是一种毅然决然地投入的信念，这种信念支撑起了他们的灵魂，点燃了他们心中的梦想，并且在追求梦想的路上披荆斩棘，趟过了一道道难关，终于实现了对音乐的梦想。

他们当初就是凭借着对音乐的一腔渴望，放弃了原有的平静生活，独自来到北京这个国际化大都市，尽管生活很艰辛，尽管现实总是给他们出难题，但他们没有放弃自己心中对音乐的追求和自己的音乐梦。一把吉他，一块立足之地，这就是他们的全部。这种意念是何等强烈，这种意念是多么令人佩服，就是这种意念，点燃了他们心中的那个梦想，在艰苦的路上拼命地打拼，最终成就了现在的旭日阳刚。可见，梦想的推动力，以及意念的坚定性成了决定梦想最终能否成为现实的关键。

意念点燃梦想。谁都有梦想，但是这种梦想是仅仅想想的白日梦，还是一定要实现的抱负呢？这个时候起到关键作用的是意念，是对这个梦想的无限渴望和奋力追寻。如果说这个梦想是一支火箭，那么这个意念就是点燃火箭助推器的火花，这个梦想一旦点燃，那它就不仅仅是梦想，而是终生为之奋斗的人生理想和目标，就像火箭一定要飞向太空一样，这个梦想也注定会腾空而起，直插云霄。

梦想创造一切。梦想是美好的，因为它是对美好事物的向往与渴望。除此之外，它还是一个人做成一件事的最终动力。如果说火箭的任务是飞向遥远的外太空，而推动火箭前进的动力就是那个助推器。同样，如果一个人的任务是完成一件事或者达到一个目的，那么帮助他完成任务或者达到目的的助推器就是梦想。因为对一件事成功的渴望，往往会激发出这个人无尽的动力，"就算是拼了这条命"也要达到这个目的。

要想有一个完美的人生，就一定要有一个完美的梦想，这也符合梦想是成功的先导的道理。若真正想要实现这个梦想，就要靠一个坚强的意念，因为意念是让梦想可能成为现实的关键因素，增加了梦想实现的可能性。这是一级一级推进的，只有明白了这个道理，才会让自己更加明确人生的道路该怎么走，梦想如何变成现实，怎样才能让自己的人生更有意义。因为是梦想造就了人生的一切，而意念又点燃了梦想。所以一个人从一开始有梦想的时候，就应该树立一个坚强的意念，让自己在以后的人生道路上越走越宽。

生活是一场很有意思的较量，这既是人与人之间的较量，更是人跟自己的较量。跟人的较量就是在生意场上、战场上等各种场合的较量，这是一种明处的较量，更容易发挥出一个人的才能。相反，那种人跟自己的较量就更难处理了。

人跟自己的较量就意味着要跟自身的一些弱点做最艰苦的较量，诸如懒惰、孤独感、疲劳感等，而这些往往就是人身上最难克服的弱点。要想克服这些弱点，就必须有坚强的意志和积极乐观的心态。那么，这种坚强的意志和积极乐观的心态从何而来呢？还是那个为大家所熟知的意念。有了这种意念，即便是在自己最孤单最贫困的时候，也不会放弃自己曾经的梦想和追求。

第九章

潜意识塑造了
此刻的你

潜意识，就像潜藏在我们心底深处的冰山，在大部分时候是难以被我们认识和感知的。然而，我们的行为和思想却无时无刻不在受着潜意识的影响，它的能量可能会超越我们的想象。而真正对一个人形成恒久改善的，实际上是来自潜意识的改变。

所以，塑造出今天的你的，并不是你的姓名、着装、父母、邻居或者是你乘坐的小汽车，而是你的意识和信仰。它通过一点一滴的影响，将一幅又一幅的图景叠加在你的生活中。最后，将现实生活中的你塑造成了潜意识中的那个你。

从伦理学上讲，潜意识是一个道德中性的角色。它无所谓对错，远离一切善恶是非。你的一切习惯，不管对自己利弊如何，对于它来说都是无可无不可的。真正起作用的是内在的思想，而不是外在的习惯。我们要想让自己的世界发生改变，就必须先改变自己的内心，这就是所谓的"诚于中，形于外"。

你我都绕不开的
潜意识

在我们的日常生活中，任何人类社会活动都离不开意识和潜意识。人的活动，不是意识占上风，就是潜意识占上风；有时是意识起主导作用，有时是潜意识起主导作用，更多的是意识和潜意识的相互作用。

爱默生曾说，从我们来到这个世界的第一天起，潜意识的力量就已经属于我们了。它是潜藏在我们一般意识底下的一股神秘力量，也正是它创造了整个宇宙。既然能够创造宇宙、控制宇宙运转的力量都在我们的潜意识深处，那么我们要如何才能有效地利用这万能的力量来开创我们成功、幸福、快乐的人生呢？

当你的潜意识深深相信并且接受一些事情时，万能的力量都会将它变成事实出现在你的生活中。可是力量到底有多大？这是一个无以估量的结果。或许从亨利成功后的话语里，可以领略一点："当我相信时，它就会发生！"所以，只要你知道自己想要什么，然后在你的潜意识里深深相信并完全把它当成事实来接受，那你就已经启动了万能的力量，来帮你实现梦想。

可是令人惊奇的是，你童年时期所建立的所有信仰，至今依然存在于你的内心之中，并且不时会浮现在脑海中。毫无疑问，我们每个人都有这一类来自童年的思想和信仰，它们早已经被意识忘掉，只能藏身于我们潜意识暗房的某个隐秘的角落里。知晓了这点，你就会明白，原来你我从出生那刻起就不曾离开过潜意识，并且已经对自己的潜意识加以照顾和培育了。

比如说，如果你相信坐在电风扇旁边太久会让你得斜颈病，你的潜意识就会让你表现出斜颈的症状。其实这并非由于电风扇的作用，它只不过引起了一种无害的气体分子的高频率震动罢了。之所以会让你感到不舒服，只是由于你这么相信而已。

又比如说，你的办公室里有同事感冒了，你便开始害怕得感冒。于是，你的恐惧成了一种可以自我实现的内心活动。也就是说，你所害怕和相信的事情会成为现实。最后你发现，办公室别的同事因为不相信会被传染，所以平安无事，而你却不得不独自在家休息养病。

上面所列举的，正是体现出了潜意识的力量。如果你的潜意识暗房里存在着真理，那么这种真理就会投射到外部世界。你的潜意识力量会接受真理，而你就此使自己的心灵平静。

在平日里，你肯定从电视、报纸等媒体的传播中得知人类曾创造了很多生命奇迹的真实故事。譬如，人在沙漠中遇险，并在不可能的情况下幸免于难；在遇到地震后，于饥饿、干渴中挑战生命的极限……从这些故事中我们发现一个共同点：处在绝境中的主人翁，总有一股无形的力量在支撑着，他们才得以活下来。

心理学家曾表明：人的行为受潜意识力量的支配，你想要做出什么样的成绩，关键在于你心中的那股力量有多大。若一个人在心里老是不停地埋怨自己，说自己这不行，那不好，很难想象这个人会在今后的人生中作出怎样辉煌的成绩；相反，若一个人在心底深处总是不停地鼓励自己，告诉自己肯定能行，那这个人在人生中获得成功的机会就很大。

不管你住在什么地方，不管你是什么团体中的一员，看看周围，你就会发现：绝大多数人都生活在"匮乏"的状态之中，只有极少数智慧的人才生活在"富足"的状态之中。接下来，你就会和那些少数人一样，步入"富足"的世界。只要你懂得了意识和潜意识交互作用的原理，就可以重塑人生。如果你想要改变外在的物质条件，就要改变决定这些物质条件的根本原因。如果你想让诸如不和谐、迷惑、贫乏和限制等负面因素从生活中消失，首先就要消灭这些烦恼的根源，而根源就是你的思维方式和你灌注到潜意识中的思想。这其实是我们众所周知的道理："种瓜得瓜，种豆得豆。"

墨菲博士也曾说过："只要我们不断地用充满希望与期待的话来与潜意识交谈，潜意识就会让你的生活状况变得更加明朗，让你的希望和期待得以实现。"因此，不论你聪明才智的高低、成功背景的好坏，也不论你的愿望多么高不可攀，只要你懂得善用这股潜在的能力，它就一定可以帮你实现愿望。

一般人学习的时候，都在运用意识的力量。潜意识如同一部万能的机器，你的任何愿望它都可以办得到。但需要有人来驾驭它，而这个人就是你自己，只要你有心控制，只让好的印象或暗示进入潜意识就可以了。所以，任何潜能的开发，任何希望的实现，都要依靠我们的潜意识。可见，潜意识是你我永远都绕不开的话题。

每个人关注什么就吸引什么

"关注什么就吸引什么"，听起来似乎有点不可置信，再加上现实并非如此，所以会觉得有点唯心主义，可仅此一点并不能说明吸引力法则就此失效了。相反，如果我们真正地关注，甚至是专注于某一件事，那它发生的概率一定会大大提高。

"关注什么就吸引什么"，也就是说，你最关注的事物往往最有可能出现在你的生活中，而我们在关注某件事之前，心里肯定早已对此产生过一个想法。我们知道，当今这个时代想法很重要，有了想法，它就可以激活你的意识，即使是一个很简单的想法，但是你一旦打开思路去迎接它，你就会变得跟从前不一样，积极的想法会令你变得更加强大。

那么能令你变得强大的想法究竟是什么呢？它就是你在头脑中构建的那个蓝图的实现。只要你构建的这个蓝图足够详细，而且满怀信心、锲而不舍，它就一定会实现。

设想一下，如果有一天你刚起床，梳洗打扮一通后觉得今天将会是糟糕的一天，那么它很可能就会是糟糕的一天。这其实就是精神领域的一个普遍真理，"预想总会吸引与之相同的结果"。也就是说，一个人的境遇全是活生生地被自己"想"出来的。你对待一件事情的态度是积极的，那么它的结果就会是积极的，反之亦然。生活中任何一件事情的发生都不是偶然，任何事情的发生都与因果效应有着直接的联系。

就像书中所说，之前的生活苦恼都是自己关注的结果，关注自卑、胆怯，就吸引让你自卑、胆怯的事物。其实，最好的方法就是不关注，转移注意力。将注意力转移到性格的积极正面的元素上，这样你的付出、真诚、忠诚等积极的关注定会吸引生活中积极的元素。

当然，在实现关注的过程中，作用和反作用的规律是普遍成立的。我们的思想和命令是"作用"，而潜意识的自动反应就是"反作用"，它会积极地反馈一切问题。也可以这样讲，你有什么样的思想，就会有什么样的潜意识。

很多潜意识的开发专家向人们建议：如果你想开发自己的潜能，在入睡之前，你最好反复向你的潜意识诉说具体的请求，那么你就能体验到潜意识解决问题的神奇力量。一个人如果总是关注自己的挫折，就越是逃脱不掉挫折。所以你必须要让你的意识对美好的未来保持一种持续的期待，迅速忘记那些不愉快和不顺利的事情，而你的潜意识将根据你的期待，为你带来相应的现实。关注就是力量，关心会使你产生心灵的超能力。同时，强烈的关注还会产生信心。这是心灵最有利的触媒，也是潜意识最欢迎的一种催化剂。

潜意识就如同一个存储器，它会自然而又不带任何评判地接纳一些指令和信息。当你处在理智状态之下的时候，外来的信息会受到理智的过滤，受以前的价值观和信念的影响，那是你个人对"信息"的加工整理，而被传输到潜意识中的信息也会或多或少地被扭曲、夸张、删减或者格式化了，信息的植入也变得不那么完整了。而当潜意识完全自主工作的时候，信息就会被完全不带任何折扣地植入到潜意识中。所以，你对自己的潜意识并不了解，究竟有多少？究竟植入了什么？究竟什么时候发挥作用？可是，你经常会发现潜意识对你的支配。

不管我们每天能接收多少信息，我们都有机会整理自己的信息，我们也能够给予自己积极的心理暗示，从而影响我们的潜意识资源。如果你告诉自己

"不是每个人都会成功"，那么你就会有更多的机会收集这种例证、强化这种意识，于是在你的脑海里留下了"成功并非易事"的潜意识。在关键时刻、竞争时刻、紧张时刻等，潜意识就会主宰你失败的命运。

所以，我们必须坚定不移地告诉自己："潜意识必将实现心之所愿，我可以做到的。"观想你的内心所愿，越真实越好，最好就像现实一样。你的潜意识将跟随你的观想，将其变成现实。这是神圣意识的原理，同时也是潜能得以发挥的基本前提。然后，所有的困难都将迎刃而解，至少它们在你的心灵领地内没有容身之所。

记住，当我们开始关注时，潜意识只接受正面的、直接的描述，也只能经由正面的关注，才能激活一股积极的力量，界定某一种健康的状态，这种状态可以为我们的潜意识带来直接和明确的影响，并改善我们的生活。

暗示无处不在，
有时不容你思考

　　暗示有着不可思议和不可抗拒的巨大力量。其实，良好习惯、成功心理、主角意识、积极心态等的本质就是积极的自我意识，而这类积极的自我意识追根溯源就是心理上进行的积极自我暗示。暗示效应是一个心理学的术语，心理学家普拉诺夫认为："暗示的结果使人的心境、兴趣、情绪、爱好、心愿等方面发生变化，从而又使人的某些生理功能、健康状况、工作能力发生变化。"因此，暗示是影响潜意识的一种最有效的方式。暗示常常会使人们情不自禁地按照一定的方式行动，或轻而易举地接受一定的意见和信念。同时，"暗示"的作用还往往影响一个人的情绪和意志，生活中出现的一些消极信息，常常通过暗示才能替换掉，否则会给我们的阳光生活抹上阴影。正因为如此，我们应该每时每刻都给自己积极成功的暗示。要为实现梦想、达成目标而不断给予自己正面向上的暗示，并在此基础上奋勇前行，永不放弃。

　　1985年，在美国洛杉矶举办了一场规模空前的足球比赛，参赛观众有数千人。比赛期间，突然有6人反映腹部疼痛难忍，想呕吐却又吐不出来。赛场工作人员通过了解情况，怀疑他们是因为喝了台下出售的某种饮料所致，于是立即通过广播通知所有在场人员不要再饮用此种饮料。不料广播结束不久，场内相继有200多人出现此类症状并被送往医院检查。奇怪的是，医院经过认真检测，发现该饮料完全合乎卫生标准。于是主办方立即通过广播宣布该饮料是绝对安全健康的。此消息一传开，住进医院的200多名"患者"便不治而愈，不良反应荡然无存，于是又跑回赛场继续观看比赛。其实，第一次广播是个暗示，第二次广播又是个暗示，两个广播的暗示效应恰好相反。这是暗示效应的绝好例子。

甲、乙两个朋友一块散心，甲问："世界上什么事情最难呢？"乙说："挣钱最难。"甲摇了摇头。"哥德巴赫猜想？"甲仍然摇头。乙说："猜不到，你告诉我吧。"甲说："认识你自己最难。"是的，那些富于思辨的哲学家们常说："我是谁？我从哪里来，又要到哪里去？"这些问题虽然亘古不变，人们也一直在寻求答案，却始终没有得出令人满意的结果。也正因如此，人往往容易自我迷失，容易受到周围信息的暗示，找不到自己的方向，从而盲目地把别人的言行作为自己的行动参照，终其一生而碌碌无为。其中，从众心理就是典型的自我暗示。

现实生活中，人们无时无刻不受到他人的影响和暗示。忙碌安静的办公室中，一个人张大嘴打了个哈欠，周围难免会有几个人也忍不住打起了哈欠。通过一个简单的心理实验，可以测一下人们受暗示性强弱的程度：让一个人水平伸出双手，掌心朝上，闭上双眼。告诉他现在他的左手上系了一个氢气球，正在不断向上飘。同时，他的右手上绑了一块大石头，正在渐渐向下坠。三分钟以后，看他双手之间的差距，距离越大，就表明暗示性越强。

在心理学上，催眠术其实就是利用暗示效应使人进入催眠状态的。当然，并不是每个人都能被催眠，只有那些暗示性强的人，才容易进入催眠状态。通常而言，女性的情感脆弱，暗示性强，容易接受暗示并进入情景。而男性则不一样，尤其是坚毅的、胆汁质的男人，一般很不容易进入催眠状态。心理学上的认识自己又称自我知觉，即个人了解自己的过程。在这个过程中，人们不可避免地会受到来自外界信息的暗示，从而极有可能出现自我知觉的偏差。现实生活中，我们不可能每时每刻去反省自己，也不可能一直保持价值中立，更不可能把自己悬置于理想的完美情景中。所以，个人在认识自我时很容易受到外界信息的暗示，从而往往不能正确地知觉自己。

个人自我暗示的心理效应是巨大的，有时极有可能会创造奇迹。"二战"时期，苏联有一位堪称天才的演员毕甫佐，他平时口吃，但每逢演出就克服了这个缺陷，他的妙计正是利用积极的自我暗示。他把自己暗示为另一个不口吃的人，因而在舞台上讲话和做动作的不是他本人，而是他暗示的另一个人，这样就克服了自身口吃的缺陷。所以，当我们在参加某种活动前或面临竞争之时，一定要给予自己积极的暗示，努力避免消极的环境暗示，这样才能使自己产生勇气和自信，从而收到意想不到的效果。

《世说新语·假谲》中有这样一段故事：曹操领兵出征，不小心走错了路，一直找不到水。士兵们渴得嗓子都快冒烟了，于是士气低落，军心涣散。曹操看到这种情况，便用马鞭指着前方说："前面就是一大片梅林，大家再坚持一段就到了。"士兵们一听，欣喜若狂，想到梅子的酸味，忍不住流出了口水，再也感不到口渴了。于是队伍一鼓作气，继续向前，一口气就走了好几十里路，终于找到了水源。这就是家喻户晓的"望梅止渴"的故事。曹操利用语言暗示的作用，收到了止渴的良好效果。在荆棘密布的人生旅途中，当你陷入困境而有自暴自弃的念想时，一定不要忘了告诉自己"前方就是一大片梅林"。

美国作家欧·亨利在《最后一片叶子》的名篇中，讲述的是两个年轻的女画家到华盛顿市去写生。其中一个叫琼西的不幸患了肺炎。她失落地躺在旅馆的床上，忽然注意到窗外常春藤上的最后一片叶子。她悲观至极，并从此认定这片最后的叶子就是她生命的象征，一旦叶子脱落，她的生命就结束了。有一天晚上，狂风大作，顿时下起了倾盆大雨，直到天亮才平息下来。她想那片叶子一定保不住了，于是悲痛欲绝。幸运的是，第二天她拉开窗户一看，那片叶子竟然完好无损。于是，她非常高兴，病情也渐渐好转了。其实，那片叶子本来已经被吹落，消失得无影无踪。她看到的那片叶子是一位老画家为她画在墙上的。这个故事虽然只是文学的夸张构造，但我们却可以从中领悟到一些道理：暗示的力量是巨大无穷的，如果说积极的自我暗示是成功向上的阶梯，那么消极的自我暗示则是失败向下的万丈深渊。

以上故事告诉我们，生活中的我们要让自己的思想和言语变得积极向上，时刻给自己打气加油，不断给予积极的自我暗示。请记住，生活中的每分每秒、点点滴滴都是自我暗示的写照。当你产生一个思想或说一句话时，实际就是在自我暗示。自我暗示是通向改变之路的开端，自我暗示实质就是在和潜意识对话："我对自己负责，我知道，我能够改变。"一个人的命运是由自我意识决定的，这句话的含义就意味着潜意识。因此，积极的心理暗示要经常进行，长期坚持，时刻努力让积极的自我暗示不断进入潜意识并影响意识，只有潜意识改变了，才会成为习惯，良好的习惯形成了，美好的命运就开始了。

卡耐基曾说："潜意识就是已经习惯成自然，不用有意控制的心理活动。"其实，人类完全有能力控制通过各种感觉器官进入潜意识的各种信息刺激和物质力量。然而，这并不等于人们在任何时候都会运用自己的这种控制力，许多人在很多时候是不善于自控的。在日常生活中，经常会遇到不少青年人血气方刚，容易急躁动怒。因此，学会转移暗示就显得更加重要了。心理学的暗示很关键，其作用就是让心里想的事情变为现实，让积极的意识敦促行动。换句话说，就是在心里不断地重复自己的梦想，相信总有一天一定会实现。毋庸置疑，暗示会刺激人内心的强烈渴望，从而帮助自己一步步登上梦想的高峰。我们需要时刻提示自己，只有积极的暗示才能很好地帮助我们，帮助我们树立信心，帮助我们克服困难，帮助我们实现自己的理想。

当然，每个人都有自己独特自然的心理，既有积极的心理又有消极的心理。无论是在生活还是在工作中，我们都需要积极心理暗示的帮助，我们要懂得不断调整自己，让自己始终保持在积极的心理暗示下，拥有一颗积极向上的心。这样我们才能尊重自己，生活才有滋有味。我们还需要爱，需要懂得爱和被爱。在纷繁复杂的社会中，偶尔我们会忘记最珍贵的东西，那就是要知道爱自己。只有懂得爱自己的人，才能成为真正的成功者。因此，从现在开始，试着去爱自己、爱生活。对于成功，对于人生，每个人的内心都是渴望的，但需要懂得方法和技巧。一句话，懂得珍爱自己的人，才是真正热爱生活的人，才是真正热爱生命的人。而这一切，都源于积极的自我暗示。

潜能量的释放
影响你的命运

　　自信是走向成功不可或缺的重要因素，是一个成功之人的必备心理品质。现实社会中，对于每一个在自己的人生路上披荆斩棘的追求者来说，无论何时何地，都必须意识到自己的命运就在自己手中，要靠自己来把握。因此，规划好人生要走的每一步，并努力去实现自己的人生目标势在必行。自信心是心灵的第一号化学家，当自信心融合在思想中时，潜意识则会立即意识到这种召唤，并把它变成等量的精神力量，再转送到无限智慧的领域里促成思想的物质化。在诸多的诺贝尔奖获得者中，充满自信即是他们成功的一个重要因素。他们总是坚信自己的责任和使命，坚持自己的研究方法，在充分自信的基础上广学博识，孜孜不倦，最终得以厚积薄发，一鸣惊人。

　　1995年，诺贝尔化学奖得主马里奥·J. 莫利纳在给年轻人的忠告时说："我想告诉中国青年的是，科学一方面是一件非常美妙而充满魅力的事业，因为科学给人类带来很大的益处。我在年轻的时候经常问自己怎么会有这么美妙的事情存在呢？——我干着我最喜欢的事情，还有人向我献上鲜花，给我金钱、名誉和地位。但是另一方面，科学又需要你付出极大的努力，需要耐心，需要执着。"他还说："不论你是做科学研究还是做任何一件工作，只要你潜下心来刻苦钻研，必然会一鸣惊人。"

　　现实生活中，自信的人总会坦然地面对生活赋予他的一切，无论酸甜苦辣，抑或悲欢离合，都会微笑面对，乐观承受。纵使生活支离破碎，百般艰难，他们也会以积极的心态坚强去面对，绝不会因此而自暴自弃。微笑会一直挂在自信者的脸上，会微笑的人生才是美丽的人生。自信是美丽人生的源泉，它比美丽的外表更具魅力。容颜终会因时间的流逝而沧桑衰老，自信却是随着时间的推移而越发强势。一个充满自信的人，可以在美丽逐渐褪去的时候守住自己的自信心灵，保留自己的独特气质，美丽由内而外，禁得起岁月的冲刷。

有一位女歌手第一次登台演出时十分紧张，想到自己马上就要上场面对数千名观众，她的手心都在冒汗："要是在舞台上一紧张，忘了歌词怎么办？"她的心跳急剧加速，甚至有了打退堂鼓的想法。就在这时，一位前辈笑着走过来，将一个纸卷塞到她的手里，轻声说道："如果你在台上忘了词，就打开来看看。"她握着这根救命稻草的纸条匆匆上了台，心里顿时也踏实了许多。她在台上发挥得淋漓尽致，没有任何失常。她高兴地走下舞台向那位前辈致谢，前辈却笑着说："是你自己战胜了自己，找回了自信。其实，我给你的是一张白纸，上面根本没有写什么歌词！"她感到万分惊讶，凭着握住的一张白纸，自己竟顺利地渡过了难关，获得了演出的成功。"你握住的这张白纸，并不是一张白纸，而是你的自信啊！"前辈说道。于是，歌手拜谢了前辈。在以后的人生路上，她凭着握住的自信，征服了一个又一个困难，取得了一次又一次成功。

约翰逊曾说过："信心和能力通常是相得益彰的。"在你满怀信心为自己梦想拼搏的历程中，你的能力也在无形中得以提高了。其实，自信可以使人在逆境中挺立，让人在挑战中成长。自信虽是一个很抽象的概念，但它又是很容易就能触摸到的。人生可能会遇到很多曲折坎坷，但那都不会是严格意义上的绝境。一个人无论遭受多少艰难险阻，只要心存信念，就必定会战胜一切苦难。当我们在困难面前畏惧彷徨的时候，不妨坚定信念，勇往直前，任何外在困难都不会扑灭你对人生的追求和对未来的向往与憧憬。人生最大的敌人是自己，很多时候打败我们的不是敌人，而是我们自己。哀莫大于心死，没有了信心的人不可能具有十足的勇气，更不可能拥有高昂的斗志。只要信念在，希望就会在，只要手中握着自信、握住希望，就会在人生路上战无不胜，攻无不取。

印度流传着一则小故事，说的是一个懦夫希望变得勇敢，就报名参加了"杀兽"学校。这所学校专门培养人的能力和胆量，使人敢于拿起剑去杀死吞食少女的怪兽。校长是印度有名的魔术师莫林。莫林对懦夫说："你不必担心，我会给你一把魔剑，此剑魔力无比，可以对付任何凶恶的怪兽。"在培训过程中，懦夫使用魔剑杀死了无数模拟的怪兽。毕业考试时，他必须面对真的吞食少女的怪兽了。不料怪兽冲出山洞口，伸头露出狰狞的面目时，他却抽错了剑，真正的魔剑丢在了学校，手中的剑只是一把普通的剑。这时一旦后退，就会被怪兽吞食。他用受过训练的手臂挥动那把普通的剑，居然杀死了怪兽。莫林校长会心地笑了，他说："我想现在你已经知道了没有一把剑是魔剑，唯一的魔剑在于相信自己。"当懦夫手持魔剑的时候，他手中握着的其实是他的自信。其实世界上并没有魔剑，唯一的魔剑在于相信自己。

当我们把自信握在手中的时候，我们就会有无尽的力量去迎接每一次挑战，更有勇气去做一个坚强的自己。如果说没有了成功，人生便失去了意义，那么没有了自信，人们就失去了成功的可能性。俗话说："世上无难事，只怕有心人。"这里的"有心人"即是"自信心"，当我们面对困难的时候，只要坚定信念、迎难而上，就一定可以取得可喜的成就。

成功者的经验告诉我们，自信是走向成功的无穷动力，一个充满自信的人一定能够征服自己。自信是成功的第一秘诀，是一个人取得成功的内驱力。只有自信的人才能在成功的道路上步履如飞，而缺乏自信的人一定是步履蹒跚。因此，在内心树立起自信，用信念激发出自己的勇气和潜能，是迈向成功人生的首要条件。自信是成功的第一步，我们千万不要跌倒在成功的第一步上，而应以充满自信的昂扬斗志去挑战一切。

当然，我们并不能盲目乐观地以为只要有了自信就一定能够成功，有大自信就必定有大成功。自信仅仅是成功的第一步而已，能不能真正获得成功，确实还需要许多方面的条件，比如人们通常所说的天时、地利等。然而，毋庸置疑，相信自己能够成就一番事业的自信，在任何时候、任何地方都是必不可少的前提条件。古往今来，凡是想成大事、能成大事者，都有大自信，所谓"当今之世，舍我其谁""天生我材必有用""人所具有的我都具有""自信人生二百年，会当水击三千里"……这些名言展示的都是有大成就者的豪迈胸怀。

　　成功虽远大于自信，但始终离不开自信。能自信，才能有知难而进的斗士勇气，才能有临渊不惊、临危不惧的英雄本色。当然，除立志自信之外，还要有认准方向就不畏艰难、锲而不舍的决心和毅力。换句话说，做人做事既要有信心，还要有恒心、有韧性。任何事要么不做，看准了就一定要坚持不懈地做下去，一定要做出个样子，做出个名堂来。这也是一个渴望成功之人必备的素质之一。自信展现一个人的心态与魅力，一个人若自信心都不足，何谈强大的生命气场呢？

你我总在和潜意识较量

　　每个人都在与自己的潜意识做着不懈的合作与斗争，每个人都会有一种矛盾的心理，或许我们只能在物质上找点平衡。因此，我们必须要有激发潜意识的勇气，并且不要害怕付出代价。当你发现自己已经陷入困境时，请首先想一想，我们是不是抱怨得太多了？

　　过去我们也曾说，和"自己"对话，今天才知道那个"自己"就是潜意识，只不过当时的我们只把潜意识当作一个倾听者或者抱怨的对象，却不知道对潜意识的诉说，其实没有任何效果，因为它不可能给予自己任何有意义的指导，本质上它也不过是自己而已。所以，我们在寻找一种解脱。现在，我们知道是自己掌控自己的潜意识，从而控制自己的行为，掌握自己的命运。我们是自己生命的王爵，而不是冲动意识支配下的躯干。

　　某村有一个36岁的"怪女人"，已瘫痪卧床20年，生活不能自理，就连翻身都要人帮忙。但后来发生的几件事情却吓坏了她的家人：长年瘫痪的她，连翻身都需要人帮忙，可是无人的时候她竟然能够站起来走路，而且不像是体格虚弱者那种有气无力地走路，而是比较正常地行走。频现的神秘"怪影"让家里人百思不得其解，村里的乡亲们四处相传她是"鬼附身"。

　　后来，家里人请来了一位经验丰富的心理咨询师，但像她这样瘫痪20年的还从没遇到过，就是在业内也很少见到这样的病例。最让咨询师头痛的是她本人的"阻抗"，也就是说，她内心没有站起来的强烈愿望。

咨询师在接受记者采访时说："在她的潜意识里，躺着会有很多好处，别人都来关注她、侍奉她、可怜她。我救治过的癔症患者身上都有表演型人格，其目的就是想方设法让别人关注。而她之所以在咨询过程中出现反抗，是因为在她的潜意识里，她就不想站起来。"

咨询师还认为，那是潜意识的较量，是一场心理博弈。只有让她意识到自己的"伪装"已经被别人识破时，她才会面对自己身体并无缺陷的事实，才有可能奇迹般地站起来。按照这种心理治疗方法，在短短四天之内，咨询师综合利用催眠、暗示、神经语言程序技术等方法，让卧床20年的"怪女人"奇迹般地站了起来。

当今这个社会充满竞争。然而，人与人之间拼的早已不再是身体、知识、技巧和金钱等，而是看谁的潜意识力开发得好，谁的潜意识力能够得到较好的发挥。

现在，我们不妨来思考两个问题：为什么有的人对于一流的、富有爱心的治疗没有反应，而有的人即使不借助心理治疗，也能跨越缺少关爱的童年造成的创痛，成为充满爱心的人呢？

我们具有爱的能力和成长意愿不仅取决于童年时父母爱的滋养，也取决于我们一生中对潜意识的体会，即潜意识给予我们的爱的滋养。这种滋养，来自意识思维之外的力量，来自潜意识，也来自除了父母之外其他给予我们爱的人，以及我们无法了解的其他滋养方式。

可是，为什么听从潜意识召唤的人很少，甚至有那么多的人拒绝潜意识呢？潜意识虽然可以为人们提供对抗疾病的力量，但是病人的反应和举动往往是有意抵制健康的恢复，原因何在？简单而言，原因就在于我们懒惰的天性。也就是说，我们体内含有一种促使我们故意对抗治疗疾病的力量的成分，使我们宁可得过且过，而不想耗费任何力气，只想维持当前的生存状态。殊不知这样做，只会使我们远离天堂，接近地狱。

一只老鼠被猫追进洞中，猫在外面不停地叫唤，老鼠想："我在洞中，你没法进来，我看你怎么办？"过了一会儿，传来了狗的叫声和猫狗的打架声，接着又传来了猫的凄惨的逃跑声。老鼠想："完蛋了吧，还想抓我，没门儿。"

又过了一会儿，狗的叫声也渐渐远去。老鼠想："现在应该安全了。"它慢慢地探出头，可刚探出头，就觉得头被一只锋利的爪子给罩住了，抬头一看，是那只猫。猫抓到了这只老鼠，就要往嘴里送，老鼠忙说："别忙，你不是被狗赶跑了吗？怎么还在这里？"猫得意地说："当今时代，没有两把刷子能抓住你！"说完一口将老鼠吞了进去。

猫说得非常对，当今时代，知识的创新，科技的进步，产生了许多新的行业，必然导致许多行业走向消亡。不管我们是处于朝阳行业中，还是处于夕阳行业里，我们都应该明白。如果现在还不明白，等到哪一天你明白的时候，也就是你失业的时候。

心理学家乃至许多外行人都知道，刚刚得到升职、处于更高地位，或者承担更多责任的人，很容易产生心理问题。军队心理专家都很熟悉所谓"升迁神经官能症"，他们发现，由于大多数军人都坚决抗拒升迁，才使得这一问题没有愈演愈烈，成为极其普遍而棘手的问题。许多以军人为职业的低级士官，根本不愿被提升。还有相当多的水平出众的低级士官，无论如何也不想成为高级军官。他们千方百计地拒绝军官培训，尽管从智力和心理的稳定性上来看，他们完全具备升迁的资格！

现如今，极少有人能够义无反顾地走向成熟，并乐于接受崭新的、更大的责任。大多数人都会随时终止前进的脚步。实际上，他们的心智充其量只是部分成熟而已。他们总是避免完全成熟，因为那样一来，他们就不得不付出更多的努力，去完成被赋予的更高的要求。

许多人为了响应潜意识的召唤，即便找到最出色的心理医生，也不能从心理治疗中获益，原因就在于此。在心灵的熵的作用下，抗拒潜意识的召唤，就显得非常自然，于是，人们也习惯性地百般逃避。可是，我们似乎更应该思考这样的问题：为什么有的人能够克服重重困难，听从潜意识的召唤？这些人和大多数人有何不同？

对此，我们无法给出确定的结论，因为这些人和普通人相比，好像没有什么不同。他们既可能来自生活富裕、教育良好的家庭，也可能成长在贫穷而迷信的环境之下；他们可能自幼得到父母的关爱，也可能生而不幸，丝毫不曾感受过被人关怀的滋味；他们可能听从潜意识的召唤，不假思索地履行使命，也可能与潜意识多次较量，才渐渐作出让步，走向皈依。

总而言之，潜意识深不可测。耶稣曾对门徒尼戈蒂姆斯说："你听见风的声音，却不知它从哪里来，又要往哪里去。对于上帝也是如此，我们不知道他最终把天堂的使命赋予何人。"耶稣对于上帝的看法类似于我们对潜意识的看法。归根到底，我们只能承认：潜意识，有着无比神奇的属性。

第十章

掌控潜意识，
学会与自己沟通

潜意识的力量是无法衡量的。它激励你，引导你，向你展示记忆中储存的场景、姓名、事件等；它控制着你的心跳和血液循环，调节着你的消化、吸收和排泄功能。我们的信念、价值观和规条，是随着每天出现的事情有所学习而不断变化的。每一个人的潜意识都很想与意识沟通，它不断地发出讯息，只是我们过去很少注意到，亦不知道如何做而已。

每个人都渴望着健康、幸福、安全、内心的平静，以及真诚地表达自我的能力。但我们当中又有多少人能够享受所有的这些好处呢？因为我们在行动之前，没有做到充足的沟通。这足以证明，与潜意识的沟通是多么重要。

在生活中，我们之所以会陷入困境，主要源于混乱的思想和不知道自己真正的兴趣所在。为了摆脱困境，我们必须在杂乱无章中找到内在的规律，并依据这些规律调整自我。

明白你潜意识的惯常喜好

你了解自己的潜意识吗？潜意识究竟能在多大程度上操控我们的行为？在这个世界上，有无数的人勤勤恳恳地工作了很多年，却没有什么可炫耀的成绩。对于成功，其实还有一种比勤奋工作更必要的因素，即创造性思维和对执行自己想法的能力的坚定信念。历史上所有成功的人都是通过思考而成功的。他们的双手仅仅是大脑的执行者。

另外，对于成功，你的愿望必须强烈到使你坚定不移。你的思想和目标必须协调一致，而且你的精神必须集中，不能有任何松懈。你可能希望得到财富、名誉、地位或者知识，因为每个人都有自己对成功的理解。但是不管你认为成功是什么，如果你愿意把它变成你生命中的炽热愿望，你就可以达成你的目标。

身为独子的哈利·卡本特，在他9岁时，是个活蹦乱跳的小学四年级学生。某个秋日下午，他感到些许不适，一开始并未放在心上，后来被送到芝加哥的"瑞典盟约医院"接受顶尖心脏科医师检查，医生对他的父母宣布了可怕的消息：哈利·卡本特罹患了罕见的心脏疾病，而且无药可医。之后一年，哈利·卡本特在家养病，缠绵病榻的他变得憔悴衰弱，并失去意识。

"我不记得治疗师究竟说了什么，不过他让我的小脑袋知道，任何事都有可能发生，所以我的病可以治得好。而我真的好了！而且是完全康复了。这不是在一夜间发生的，但往后数月，我的体重和力气都增加了，心脏也恢复正常。"你的潜意识会应允你任何愿望。它可以帮你达成目标、甩开恶习。你自己要努力的部分，就是成为它的主人而非傀儡。

这便是信念，它可以帮助你调动你所有的精神力量，进而帮助你实现目标。如果你已经结了婚，你一定还记得向你心目中的配偶求婚的经历。它刺激而又感人，当然不是件伤脑筋的事——恰恰相反，从你有了结婚的想法到步入婚姻殿堂，赢得配偶是你脑海中的最高愿望。这个想法，这个信念，无时无刻不在伴随着你，甚至还萦绕在你的梦境里。

既然你已经清楚地认识到思想和愿望在日常生活中所起的作用，那么你要决定的第一件事正是你想要的到底是什么。先说一种笼统的想法，即你仅仅想要的是成功——像大多数人希望的那样——太模糊了。你必须在脑海中清晰地绘制未来的蓝图。

更至关重要的是，你必须了解你到底想从生活中得到什么。必须了解你的人生之路通往何方，必须心中怀有一个想要实现的确定目标。那个目标，当然了，是人生的全景目标；不管你想得到一份工作或是更好的工作，或一栋新房子，或是这个国家的一块地方，或只想要一双新鞋，这些愿望并没有什么不同。你必须有一个对未来的明确想法。

所以，我们要替自己真正地负起责任来，因为我们有权利决定以后的路要怎么走，我们要对自己的所作所为负责。很多时候，我们其实不是在标新立异，而是在寻找我们想要的理想。我们有自己的看法，我们有自己的目标，并勇于肩负起这种责任，用我们的方式，努力地去证明自己。因为每个人都要建立自己的价值观，把自己的价值观发散出去，形成一种吸引力的磁场，物以类聚，人以群分，频率相同的人就是志同道合的人，这就是人们所谓的缘分。

当然，在我们想要的目标中、潜意识的需求中，物质的追求与精神的追求并无所谓的先后。比如，你要吃零食，这是物质追求。可是，这东西好吃不好吃，区别不就是"口感"吗？有些人为名为利，有时也是一种感觉，同时在背后，还有一种关于人生的成就感。对此来说，潜意识与显意识的需求是合二为一的。这个时代最大的跃进，是发现人类通过改变内心的态度，就可以改变生命外在的行为。所以，只有改变信念，才可以改变你的人生，你的潜意识才会应允你的任何愿望，帮你达成目标、甩开恶习。

每个人都具有特殊能力，但大多数人因为不知道，所以无法充分利用，就好像身怀重宝而不知其所在；只要能发掘出这项秘藏的能力，人类的能力将会大大改观，也能展现出超乎常人的能力。

让潜意识为你
全力以赴

　　为什么有的人快乐，有的人悲伤？为什么有的人愉悦又富有，有的人却痛苦又贫穷？为什么有的人永远摆脱不了恐惧和焦虑的纠缠，而有的人却始终能够对生活满怀信心？为什么有的人能在美丽奢华的家里安然度日，而另外一些人却不得不在拥挤的贫民窟里挣扎一生？这所有的疑问都指向同一个答案：潜意识。先给大家讲个故事吧，这是一个关于心理学课堂上的故事。

　　有一位男士跟老师说自己玩股票赔了好多钱，不知道怎么跟老婆说。结果老师问他："你为什么要赔钱？"男人莫名其妙，说我没想赔钱呀。老师又说："你真的没想赔钱？"男人还是点点头。在他看来，自己又不是傻子，还故意赔钱。可是最后，在老师的帮助下，他跟自己的潜意识沟通，发现其实真的是他自己想赔钱。他说自己的老婆天天在家里玩，什么也不做，而他自己每天累死累活地赚钱，所以心里很不平衡。觉得凭什么自己就得这么拼命地赚钱，而老婆活得这么轻松，他潜意识里还想试试如果他没钱了，他老婆会怎么办。结果就是他玩股票亏了钱。

　　其实这么一说，估计大家疑惑就更多了。我想说的是，潜意识的能量非常大，我们意识的能量只占4%，而潜意识却占了96%。如果潜意识里存在着负面的影响，你可能真的很难成功。所以，你必须要找到自己潜意识的负面思想，把它清除掉，对自己帮助一定会非常大。

　　潜意识的召唤，被视为一种升迁，一旦得到召唤，就意味着要承担更多的责任，行使更大的权力。我们只有深入地认识潜意识，体验到它的力量，意识到自己与上帝多么接近，我们内心深处才会产生前所未有的宁静，而这不是缺少自律的人可以拥有的。伴随潜意识的认知而来的，是一种更大的责任感。接近潜意识，意味着我们要抗拒惰性，挺身而出，成为力量的使者和爱的代理人。我们要代替潜意识去行使职责，完成艰巨的使命。潜意识的召唤，使我们的心灵受到激励，因此不得不放弃幼稚，寻求成熟；不得不忍受痛苦，从童年的自我进入成年的自我；不得不摆脱孩子的身份，转而成为称职的父母。

假设我们想要成功，就念我会成功，我会成功，我一定会成功；假设我们想赚钱，你就念我很有钱，我很有钱，我一定会很有钱；假设我们想要自己的成绩提高，就告诉自己，我的成绩不断地提升，不断地提升，我的成绩一定会不断地提升；假设你想存钱，就不断地告诉自己，我很会存钱，我很会存钱，我很会存钱。

这样不断地反复练习、反复输入，当我们潜意识可以接受这样一个指令的时候，所有的思想和行为都会配合这样一个想法，朝着我们的目标前进，直到达到目标为止。

很多人试了这个方法没有效果，原因是他们重复的次数不够多。影响一个人潜意识最重要的因素，就是要不断地重复，不断地重复，再一次地重复，大量地重复，有时间随时随地不断地确认你的目标，不断地想着你的目标。这样的话，你的目标终究会实现的。

要知道，不期而遇的好运和收获不是天赋的才能，而是后天习得的本领。拥有这样的本领，我们就可以理解意识领域之外的潜意识，并妥善地加以运用。拥有这样的本领，就可以确保我们在前进的过程中，始终有一双看不见的手，有一种深不可测的智慧，指引着我们走向新生。这一双手，这一种智慧，总是目光犀利、判断准确，远远胜于我们的意识思维。有了它们的指引，我们的人生旅途才会畅通无阻。

　　不过，大家需要注意的是：你不要期待从中获得更多的细节。也许出于被动、依赖、恐惧和懒惰的心理，你希望看清前方每一寸路面，确保旅途的每一步都是安全的，你的每一步都具有价值，可是很遗憾，这是不可能实现的愿望。因为心智的成熟之旅艰苦卓绝，无论是思考还是行动，你都离不开勇敢、进取和独立的精神。即便有先知的告诫，你仍需独自前行。没有任何一位心灵导师能够牵着你的手前进，也没有任何既定的宗教仪式能让你一蹴而就。任何训诫，都不能免除心灵旅行者必经的痛苦。你只能自行选择人生道路，忍受生活的艰辛与磨难，最终才能达到人们所向往的那个至高境界。

用意念强化你积极的潜意识

第二次世界大战期间，美国因为需要大批军人，于是美国政府就决定把关在监狱里的犯人组织起来上前线战斗。为了防止这些犯人趁机逃脱，或者不尽心为国效力，政府还特意派遣了著名心理专家进行战前的培训和辅导，并让心理学家一同前往。

在辅导期间，心理学专家们并不是每天给他们机械式地上课，而是鼓励他们每周经常给自己的家人写信。这样做的目的主要是希望犯人讲述自己在狱中的表现是如何的好、怎样接受教育、改过自新等，而这些都是心理学家为了"训练"犯人特别拟定的。

三个月后，在犯人们开赴前线之前，心理学家让犯人再次给家人写封信，信的内容主要写自己是如何地服从指挥、勇敢杀敌、为国奉献等。结果，这批犯人在战场上的表现非常优秀，正如他们在信中所说的那样：服从指挥、为国奉献。

心理学家就把这一现象称为"标签效应"。那些犯人就是因为给自己贴上了好的标签，所以才会在实际行动中表现出色。如果一个人被冠以一个词语名称当作标签，那么他就会作出自我印象管理，使自己的行为与所贴的标签内容相一致。正是由于贴上了词语标签，才使他在行动上努力，使自己达到标签的标准，所以被称为"标签效应"。因此，美国心理学家贝科尔认为："人们一旦被贴上某种标签，就会成为标签所标定的人。"

"标签效应"现实中很常见，比如模范、先进人物等光荣称号。但标签直接影响着人们的印象管理，也不能随便用。贴标签要注意适当适度，否则往往事与愿违，甚至适得其反。如现实生活中发生的一些青年明星昙花一现而被"捧杀"的例子，就是标签消极效应的结果。

心理学家克劳特曾于1973年做过一项实验，他要求人们为慈善事业作出捐献，然后确定两组被试进行研究。对其中一组被试，根据他们是否有捐献，标上"慈善的""不慈善的"。对另一组被试，只动员他们捐献，而不对他们使用标签。后来，当再一次要求这些人捐献时，标签就发挥了对他们的行为导向作用：上一次捐了钱并被标签为"慈善的"人，比那些没有被标签过的人捐献要多；而那些上一次没有捐钱而被标签为"不慈善的"人，比没被标签过的人贡献更少。可见，"标签"作用可以促使事物向好的方向发展，这就是标签的积极效应；反之，"标签"作用也会促使事物向坏的方向转化，这就是标签的消极效应。

每个人都会给自己贴上标签，也就是对自我的评价。例如，"我脾气暴躁""我很懒""我总是丢三落四""我的记性越来越不好了""我不太在乎那些鸡毛蒜皮的小事"等。现实生活中，我们给自己贴"标签"的现象实在是太多了。不过，这些自己贴上的标签，都是对自我进行描述，它们无所谓对错，甚至可以通过反思使我们更好地了解自己。但是，给自己贴标签也要贴合适的标签。不要由于自己贴上的标签，而给自己制造一个不求上进、拒绝改变的借口，不利于个人的发展。此时的"标签效应"就是消极的了。

为什么会有标签起消极作用呢？是因为标签能够起到心理暗示的作用。有些人觉得自己做事丢三落四，觉得自己做什么事都会失败。例如，出于对艰难困苦的畏惧，拒绝改变，所以给自己贴了一些标签，告诉自己"我永远不……"通过自我定位，回避现实，保持旧的自我，一直待在自己设定的圈子里，不肯出来。那么，这样的心理暗示肯定会对人们起到一种阻碍作用，使其真正成为自己原先认为的那个人。因此，常说自己很懒的人，即使事实上并不懒，慢慢地也会被潜移默化地变成懒人。因此，我们一定要警惕这种消极的心理暗示。

除了我们自己，别人也给我们贴了很多标签。可能当你还是小孩子的时候，父母、老师等人便给你贴上了一些标签。比如，一直夸你是个懂事的孩子，将来你真的变得很懂事；或者老师一直说你很笨，结果你真的没有什么成就。这些儿时的"标签"可能被你一直带到今天。还有一些标签是你自己加给自己的。

所以，我们要给自己贴上正确的标签。首先，要找亲朋好友经常谈心，他们对我们的评价，可以纠正我们在自我认知方面的偏差，能够全面、客观地了解自己。其次，请亲朋好友监督我们。他们的监督和提醒，可以帮助我们消除自身的一些消极"标签"，做一个积极的人。最后，对自己进行积极的心理暗示。要想趋利避害，就应该毅然撕掉消极的自我"标签"，实施积极的自我暗示训练，提高自信心。我们应该尽量不用贬义的自我描述式"标签"，而选用"我一定可以做好""我是最棒的"之类的表达方式。

找回失去的精神统治力

金无足赤，人无完人。培养强大的气场需要提升自身的综合素质，完善自己各方面的不足，但切忌求全责备、吹毛求疵，学会悦纳不完美的自己亦是生活的一门必修艺术课。每个人都是不完美的，每个人身上都有自己不愿意触碰的一面——阴暗面，亲人朋友不愿意接受，连我们自己也无法面对。为此，我们不惜代价、竭力伪装成人人喜欢的好人，其实却活得很累。其实，我们的每个缺点背后都隐藏着优点，每个阴暗面都对应着一个生命礼物：好出风头只是自信过度的表现；不拘小节说明你内心自由；胆小能让你躲过飞来横祸……阴暗面事实上也是生命不可缺少的一部分，只有真心拥抱它，我们才能活出真实、完整、快乐、有意义的生命。

心灵的阴影包括许多层面：胆怯、贪婪、恼怒、自私、懒惰、丑陋、轻浮、脆弱、报复心、控制欲……一句话，那些存在于我们身上，而我们又常常极力掩饰和压抑的特质，都可以说是属于阴影的范畴。当然，这些特质并不会因为我们的否认而消失，只会在潜意识中隐匿起来，悄悄影响我们对自己的认同感。当我们无意间接触到自身阴暗面的时候，第一反应可能是想要逃避，想撇清与这些"消极"特质的关系，哪怕是以花费大量的时间和金钱为代价。其实，往往是这些特质最需要我们关注，因为它们可以给我们带来最宝贵的收获。

试想一下，倘若我们刻意忽视"消极"特质的存在，它们就会尽量唤起我们的注意，而当我们的注意力稍微松懈的时候，它们就立即从潜意识里重新浮现出来。为了压抑它们，我们需要付出大量的精力，而这种付出却完全没有意义。诗人罗伯特·布莱把阴影比作"每个人背上负着的隐形包裹"，我们在长大成人的生命历程中，会把越来越多的东西塞进包裹里。布莱认为，在生命的前几十年里，我们总是努力想把包裹填满，而在生命的后几十年里，又会努力把包裹清空，减轻肩上的负担。生活中，大多数人都对自己内心的阴暗面感到恐惧，不愿从容面对。其实，只有拥抱心灵的阴影，找回完整的自我，才能获得真正充实幸福的生活。

现实生活中，人们往往习惯于把"知识"和"经验"混为一谈，这也许是信息时代人们最大的误区。我们往往觉得自己"知道"某件事情，于是就不愿去切身体验。其实，对内心阴暗面的探寻，并不是知性的活动，而是用心去体验、去感觉的必要过程。许多人参加过心理培训课程之后，觉得自己已经什么都知道了，但他们并没有用心去体验自我，结果也没有任何实质性的收获。当然，这样的体验过程并不是一蹴而就的，而是长期的、连续的。我们总是爱自欺欺人，以为自己可以把阴暗面掩饰得天衣无缝、滴水不漏。事实上，那些被我们刻意压抑的特质，总能找到机会显露出来，让周围的人们看见。

因此，承认和接纳完整的自我，意味着平等对待自己的每一项特质，既不刻意彰显，也不刻意压抑，接受阴暗面的馈赠，用包容的眼光来看待它。很多人以为，天赐的东西必然是完美的，实际情况则与此相反。其实，要达到天人合一的境界，就必须拥有完整的自我。完整是美与丑、善与恶、积极与消极的调和。只有接纳了自己内心的阴影，我们才能得到它的馈赠，瑞士心理学家荣格所谓的"金子总是隐藏在暗处"就是这个意思。

现实生活中，我们每个人都具有积极与消极两方面的无限潜能，我们必须承认这些潜能的存在。善与恶、好与坏、光明与阴暗、强大与脆弱、诚实与欺瞒——我们的内心是这些矛盾的统一体。如果你觉得自己太过脆弱，那你就需要寻找脆弱的对立面，让自己变得更有力量；如果你被恐惧困扰，就必须在内心中寻找勇气；如果你总是受人欺辱，那你就需要在内心中找出发生这种情况的原因。你必须敞开心扉，承认自己既有优点也有缺点，既有光明的一面也有阴暗的一面。只有从容接纳黑暗的人，才有资格接纳光明。完整的自我就是矛盾的统一体，优点与不足并存才是真实的人生。

我们崇拜马丁·路德·金的勇气，只是因为我们从他身上看到了我们自己所能表现出来的勇气；我们崇拜奥普拉·温弗瑞的影响力，只是因为我们从她身上看到了我们自己所能达到的影响力。现实生活中，绝大多数人都会把自己心中潜藏的积极特质投影到他们所崇拜的人身上，这就是影视明星和著名运动员地位、财富、声望如此之高的原因所在。人们总是一味崇拜这些所谓的偶像，却不知道他们的生活事实上是什么样子。毕竟，偶像变成了代表某些积极特质的符号，人们所崇拜的并非偶像本人，而是他们投影到偶像身上的积极特质。

居里夫人说过："一个人应当有恒心，尤其要有信心。"相信自己也就是肯定自己，悦纳自我，形成对自我的积极认识。相信自己、悦纳自己是成功的精神动力、力量源泉。相信自己、悦纳自己是成功的起点。因为只有相信自己，才能光彩焕发、精神饱满，工作起来才能得心应手、应付自如、充满活力，而不会是心情暗淡、情绪低落、脸色无华，甚至终日疑神疑鬼，生命失去了活力、事业失去了动力、生活也失去了快乐。因此，即使自身有诸多缺点抑或不足，学会相信自己、悦纳自己，接受不完美的自己是极其重要的。

有些人觉得自己之所以不可能成为那样的人，是因为他们的生活与他们所崇拜的人相去甚远。有些人崇拜文艺复兴时期的艺术大师米开朗基罗，但是他们的生活方式却与那个年代相差太远。因此，他们觉得自己无论如何也达不到米开朗基罗的境界。其实，如果他们崇拜的是米开朗基罗的艺术天赋，那就说明他们自己的艺术天赋并没有被开发出来；如果他们崇拜的是米开朗基罗的创造力，那就说明他们自己的创造力受到了压抑。如果他们能够把自己在这些方面的潜能充分表现出来，就不必再去崇拜米开朗基罗，或是任何别的艺术家。

你所崇拜的必然不是一个具体的人，而是这个人身上的某些特质，你自己同样拥有这些特质。你对这个人的崇拜，反映了你想要表现出这些特质的愿望。乔布拉曾说："愿望本身就包含了实现愿望的可能性。"换而言之，凡是我们心中的愿望，必然是我们有能力实现的，如果某种东西不可能实现，我们也就不会把它作为愿望了，事情就是这么简单。歌德曾说："人能够想到、能够相信的，一定是能够实现的。"关键在于克服我们心中的恐惧，因为恐惧会让我们止步不前。也许别人会告诉我们，我们没有足够的能力，不可能实现我们的梦想。即便如此，我们也不要放弃。记住，你在这世上是独一无二的，没有任何一个人能拥有与你完全相同的经历、梦想和追求。要发挥你的潜能，实现你的目标，只能靠你自己。

俗话说："只有自己才能认清自己。"我们在别人身上看到的特质，往往是我们自身的投影。凯特·温斯莱特说："我们要热爱不完美的自己。"什么是"完美"呢？世界上并不存在任何完美的事物。你不应该总是期待着完美而对自己过于挑剔。如果我们能够承认和接纳自己的这些特质，就可以用更自然、更轻松的眼光看待别人。有人说，空气对鸟儿来说是一个谜，水对鱼儿来说是一个谜，人对自己来说是一个谜。因此，我们很难直接认清真实的自我，只能把周围的世界当成镜子，从镜子里看清自己的形象。一旦看清自己之后，我们就应该悦纳不完美的自己，发掘自己的潜能，在此基础上方可提升自己的气场，拥抱美丽的人生。

第十一章

警惕和转化
消极的潜意识

你生活在一个丰富的世界里，你的潜意识对你的思想非常敏感，你的思想首先会产生一个"模型"，然后你潜意识中的无穷智慧和活力就会铸造它。你的潜意识是你情感的发源地。如果你想的都是好事情，好事自然就会来找你；如果你想的是坏事，坏的事情也就会来凑热闹。

一旦潜意识接受了一个想法，它就开始执行。潜意识既执行好的想法，也执行坏的想法。你要是消极地使用这一规律，它就会给你带来沮丧、失败和不幸。如果你的习惯思维方式是和谐的、具有建设性的，那你就会经历健康、成功和一切美好的事情。要知道，心情的平静和身体的健康是你以正确方式思维和感受的必然结果。

警惕对成功没有渴望的潜意识
——没有渴望做人做事就没有气场

　　每个人都渴望拥有成功、富裕、幸福的生活，但在现实生活中，为什么我们的行为常常与我们的期望相去甚远？我们耗费了大量的精力和时间，却仍然感觉到成功遥不可及？这一切都是由于我们的潜意识中被输入了错误的指令而造成的。

　　究竟什么是潜意识呢？潜意识是相对于显意识而言的，是人类自身意识不到，也不能控制的意识，因此我们又把它称为无意识。潜意识与显意识的不同之处在于，它不能够进行任何判断推理，无论接受了什么样的信息，它都会坚决执行。

　　举一个非常简单的例子：如果我们从小接受的是被鼓励、被赞扬的教育，那么我们潜意识中的自我价值观就会比较高；如果我们从小接受的是被批评、被否定的教育，那么我们潜意识中的自我价值感就会比较低。

　　每一个渴望成功的人，如果他们的潜意识中始终充斥着否定、负面、低价值观的自我评价和信息，毋庸置疑他们是很难成功的。因为这些人的内心冲突非常大，他们大量的能量被耗费在自我抵毁和内在冲突中，根本无法达到他们期望的结果。而要想改变这一切，我们就必须为自己的潜意识重新输入正确的信息，因为每个人来到这个世界上都是一张白纸。

　　有句话叫："你相信自己是谁，你就会成为谁，无论你相信自己能做到，还是相信自己做不到，你都是对的。"保持渴望的状态，成功或许并不一定会到来；但如果我们没有对成功的渴望，即便到手的成功，也有可能随手失去。从吸引力法则就能发现，有一颗渴望成功的心，便是我们获得成功的良好开端。

很久以前，有一个地方是古迹所在地，因为那里有许多的碉堡和古井，于是闹鬼的传闻也不时在乡里间传开，时常弄得当地人恐慌不安。入夜之后，谁都不敢独自出门。

有一天，一位农夫干活干到深夜才准备回家休息，当时天色已经漆黑，伸手不见五指。在他回家的路上，还要经过一个坟场，而那天白天刚好有人挖了一个坟坑，于是不走运的农夫一个不小心就栽了进去。那个坑又大又深，尽管农夫使尽全身蛮力也爬不出来。于是他只好待在坑内，打算等到天亮再求救。

就在这个时候，一位和农夫同样倒霉的人，也不小心掉了进来，和农夫一样使尽力气也爬不出去。这时候，先掉进洞里的农夫开口说话了："别试了，爬不出去的。"谁知这样一句好心的规劝，另一个人听了却以为是自己撞见了鬼，吓得魂不附体，连滚带爬。没想到，情急之下他很快便爬出了坑洞。

虽然不知道上面故事所说的成功是指什么范围里的成功，但是从这篇小故事中也透露了关于潜意识的作用，最终才使得后掉进坑里的人脱离困境。

当一个吃饭的机会出现在我们面前时，一个强烈渴望获得面包的人和抱着什么都无所谓态度的人，他们竞争的结果是显而易见的。谁更渴望，谁就会占据优势。如果一个人想都不想，那就什么都不用谈了。

由此可见，平庸者没有"像渴望空气一样渴望成功"的激情，他们习惯于退缩在某个不被人注意的墙角，等着天上掉馅饼。或者有些人也极度希望自己能够成功，但他们却天真地以为只要坐在家里等着就可以了，没有必要拼尽全力去展现自己内心的欲望，这些都是痴人说梦。

所以，假如有一天你也陷入同样的困境，想尽办法脱离危险时，你就必须调度深深渴望的力量，并且要记住，千万不要说"不"，或者将渴望用在抱怨上。因为这时候，我们最需要的是让理性的思维有效地改变自己的信念和行为，让内心深处的情感和渴望与其相伴。

也就是说，我们要把自己描绘成自己希望成为的那种人、描绘出自己想拥有的那些东西，并假定这些设想成为可能的那一刻就在眼前，这就是渴望。而要想唤起这些目标的深深渴望，就必须对它充满热忱，因为它是我们所有人心中的第一激发力量。如果没有了最强烈的渴望，我们就不能达成任何目标或得到任何东西。

还需要记住的一点是，需要和渴望之间是有着天壤之别的。你可能会为了上下班的交通方便需要一辆车，你也可能会为了让你的家庭成员高兴而渴望拥有一辆自己的车。很明显，为事业而购买车是出于需要，为家庭而购买车是出于迫不及待的愿望。为了购买这辆家庭用车，你有可能会翻遍产品宣传册，拜访许多车商。这是因为它是你从未拥有过的车型，是可以为你的责任感加分的东西，还可以促使你获得新的判断力和新的外部资源。由此看来，对新的、不同事物的渴望将会改变你的生活，促使你付出额外的努力。

对做事方法恐惧的潜意识
——缺乏实现手段不可能取得成功

人的一生总是在顺利与挫折中前进的。其思想与行为的正确与否，关系着事业的成功和家庭的幸福。你在未来的事业中，可能是一个成功者，也可能是一个失败者，其中的一个重要原因取决于你的心理素质。

对于成功者来说，其优秀素质之一是他们从来不害怕失败，也从来不会恐惧失败。他们的潜意识敢于承担压力，并以此为自豪，丝毫不会感受到重任在肩的失位感以及不知所措的飘忽感。

生活中，有很多人为了成功愿意付出一切，去承载心理的重荷。但他们依旧控制不住内心的恐惧：如果失败了该怎么办？于是，他们很快又陷入另一种轨道，因为对潜能释放的力量无法把握，也就没有办法掌握"力量的方向盘"。就这样，不知有多少人每天都在重复着这样的心灵悲剧。但可以确定的是，这一现象完全可以避免，只要你能梳理源头，当恐惧开始萌生的时候，就采取果断手段，不让它在潜意识中长成一棵庞大而沉重的心理树。

首先，恐惧是潜意识的特征之一，富有摧毁性的力量。

据说，弗洛伊德是第一个认识到成功者有可能"被成功摧毁"的人。他曾说过，"有时候，人们之所以生病，完全是因为一个在内心深处珍藏了多年的愿望得以实现了"。一个美好的结果即将出现，竟然能够摧毁一个人的信心，说起来真是有点儿不可思议，但这却是潜意识的现实。

这是我们潜意识的特性之一，并且富有毁灭性的打击能力。成功的确能够对很多人产生负面的影响。这种对成功的恐惧有很多可能的原因，其中之一就是自信心的缺乏，缺乏自信的人会对成功后的情况产生恐惧心理——如果成功了我该怎么办？下一步该做些什么呢？因为成功一定会提高他人对自己的期望值，但如果自己无法再现成功或者更进一步，那该怎么办呢？

对于这种人来说，他们将自己的成功归因于机会和运气，而不是归因于自己的努力和良好表现。他们对于自己长期掌握命运的能力，缺乏足够的自信。此外，这种对于成功的恐惧的另一个可能原因，是来自人类的性别定位。

有科学研究表明，女性更容易对成功产生恐惧，因为这会让她们体验到成功和她们的女性角色之间的冲突，这是一种由于性别角色的模式化产生的冲突。可见，女性在渴望成功的同时，又害怕成功的不可负担性。

仔细分析一下，怀有恐惧心理的人为什么一生碌碌无为？他们曾经一定也有过美好的理想和追求，也应该有过一个如何创业的伟大计划。但最终他们的理想和计划被无情地淹没在他们那恐惧失败的心理中了，这一切都是"恐惧"惹的祸。所以，我们只有首先战胜恐惧，规避它的摧毁性力量，然后才能成功地去做一些事情，释放出内心的巨大潜能。

其次，运用自我暗示驱赶恐惧。

一直以来，我们都很清楚暗示的力量，因为自我暗示是一把双刃剑。如果使用不当就会对自己造成伤害，但是只要应用恰当，许多问题也都会迎刃而解。

珍妮特是一位非常年轻的天才歌唱家，她曾被一家唱片公司邀请出演一部歌剧。她非常看重这次机会，但是心中却一直惴惴不安。因为在此前，她有过三次在导演面前试唱失败的痛苦经历。每次失败都加重了她内心的恐惧，使得她在下一次试唱时背负更大的压力。珍妮特的嗓音棒极了，可是她每次都对自己说："轮到我试唱时，我总是唱得一塌糊涂。我始终不能入戏，导演一点儿也不喜欢我。他们一定在想，这种破嗓子也好意思在这儿丢人现眼。所以，我只好灰溜溜地独自回家。"

她的潜意识接受了这种消极的自我暗示，并把它当作命令一样地去执行。潜意识调控她的身体，让她在演唱时不知不觉地就把这种观念变成了现实。她的恐惧化成糟糕的表演情绪，主观设想变成了现实。

可是，这位年轻的歌唱家最后终于克服了消极自我暗示带来的影响。她用积极的自我暗示来对抗消极的自我暗示。她每天三次把自己关在一间安静的小屋里，小屋的中央有一把非常舒服的椅子。她坐在上面，放松身体，闭上眼睛，身体和心灵都在这一刻归于平静。因为生理上的低兴奋水平可以让心灵更容易接受自我暗示。她对自己说："我的歌声优美而动听，我的仪态优雅而自信，我的心智机智又冷静。"她说这番话的时候，语速非常慢，语气也十分柔和，这样一共说上5至10次。

在正式去试唱前的一个星期里，她每天进行三次这样的自我暗示：两次是在白天，一次是在晚上入睡之前。不知不觉地，她就变得沉着而自信起来。关键的试唱中，她在导演面前展现了婉转动听的歌喉，并最终赢得了歌剧中的这个角色。

我们总是需要用积极的意识去对抗消极的意识，这样并不矛盾。如果你的内心也有负面的自我暗示，具有恐惧的心理基础，那么就应该立即开始制订一个纠正它的计划。在产生恐惧时，绝不要再对自己说"我不行"，而应该对自己说："运用我潜意识的力量，我一定能够达成一切积极的目标。"

不要做"潜意识失败者"
——"不敢要"和"做不到"都指向失败

从心理学的角度来讲，许多人没有成功，并非因为他们不具备成功的能力和机遇，而是不敢成功和害怕成功。许多人不相信自己能够成功，他们潜意识里总觉得自己会失败，无法同别人（特别是某些出类拔萃的人）相提并论。自卑在潜意识中深植，形成了难以改变的认识习惯，并直接摧毁他原本可以非常耀眼的气场。

在公司策划会上，在工作方面很有潜力的大卫犹豫许久还是没将自己的方案拿出来进行讨论。当同事们唇枪舌剑激烈辩论时，大卫却在跟自己进行一场看不见的战争：尼肯的想法听起来更完善，而我的则欠缺很多细节，我的方案肯定不会被采纳，即使拿到桌面上，恐怕也是为他人作嫁衣裳……

于是，大卫成了会议当中唯一一个没有发言的设计师。会议结束后，老板看了他一眼，皱着眉头离开了，同事们也用不屑的神情瞥来幸灾乐祸的目光："看，这个人肚子里装的全是草，在公司就是白吃饭的！"

然而，生活中的大卫并非如此，他很有创见，和朋友在一起时谈吐幽默大胆，很有人缘，但每当到了关键时刻——像公司会议、与客户的接洽，需要他坚持己见并征服对方时，他却表现得如同软脚河蟹，否定自我的念头始终撞击着他的大脑神经，随时会把他打败。

大卫的潜意识表现在：怀疑自我的创造力，从来不敢主动表达并坚持内心的想法，特别是需要他"在重要场合抛头露面"时，他完全没有私人场合的风采。这就导致他呈现出明显的双重性格，内在自我与外在表现互相矛盾，使他的气场忽强忽弱。

由此看来，信心真的是人的一种精神状态，它是靠调整内心世界，接受无穷智慧的方法发展而成，同时也是使无穷智慧的力量配合我们明确目标的一种适应性的表现。换言之，信心就是气场的发电机，是让一个人将想法付诸行动的原动力！成功者总能控制自我的思想并自信地表达，平庸者往往会在这个关口摔一个大跟头，而不是他们真的不学无术。

业绩出色的房产销售经理内尔先生，几年来却一直未获晋升。在上司眼中，他依旧是那种"有他不多、没他不少的人"。为此，内尔心里非常不平衡，觉得自己一直在受领导的歧视，就因为他是十年前移居北美的非裔美国人。

接下来的日子里，内尔一直闷闷不乐，也不跟其他同事交往。好朋友艾勒斯看在眼里，急在心里，就给他出主意，让他去跟上司好好谈一谈，也许公司另有想法，或者还有别的什么原因。内尔悲观地摇头道："不，艾勒斯，你不用劝我了，即便我把公司建的房子全都炸了，他们也不会理我的，我知道他们是怎么想的。"

就这样，他放弃了争取和上诉的权利，这也是像内尔这一类人通常的做法。他们总是时刻透露着天生的优越感，觉得自己无所不能、无所不会，付出了那么多，结果却时运不济；不是受排挤，就是金落黄沙，耀眼的光芒全都被掩埋了。于是，我们听到更多的是这些人的怨恨、愤愤不平与对现实的不满。

那些自以为怀才不遇的人总是责怪别人不赏识自己，悲观厌世的人总是责怪社会太黑暗，命运多舛的人总是责怪老天对自己不公。他们会想，为什么别人能够如鱼得水、呼风唤雨，偏偏自己被遗弃在一边？问题恰恰出在他们主观的"我不行"情结上。他们潜意识里已经种下了"自己必然会失败"的悲壮的种子，如果体现在外面，便是将责任全都归咎于外部的环境。一旦有风吹草动，就会扮演起受害者。

如果你有时也会感觉"我的想法一定是错误的"，从而遇到严重的表达和实现障碍，可以按照三个简单的步骤重建信心：

第一，抛开工具性的对错，去勇敢表达明确的欲望，并使这种明确的欲望和一项或多项基本行为动机结合在一起。

第二，为实现欲望，你需制订明确且详细的计划。

第三，马上执行计划，并以自觉性的努力作为后盾，坚持不懈直到计划完成。

无论你的建议、计划或其他任何行为及生活的方法是否正确，若你能够学会以展示信心为基本的行事风格，长此以往，潜意识中的失败情绪和自卑情结一定可以得到逆转。成功的关键在于潜意识一定要相信自己可以成功。

自我潜意识的失败定位，往往会从根本上将一个人打倒。内心常对自己说"我不行"然后不敢迈出脚步的人，比那些尝试过很多次仍无法避免失败命运的人更可怜，尽管他什么都没做，看似零付出。每个人身上都有别人无法具备的优点，将这些优点充分利用，完全可以成就自己。关键就在于我们需要及时转变观念，经常在潜意识里跟自己说"我一定行"，做过几件成功的事情之后，你就能慢慢发现，其实你一直都很棒！

如果一个人心态开放，善于接受新鲜事物，那么不论何时何地，潜意识中的无穷智慧都会提供给他所需的一切知识，不断激发他的思想和创意，最终引领着他走向一个妙不可言的真理世界。潜意识不但引领着杰出人物作出伟大的发现，或者创造出不朽的艺术杰作；它还能帮我们吸引不可多得的伴侣、完美的生意伙伴以及理想的客户；它还可以指引我们赢得财富，从而获得财务自由，过上随心所欲的生活。

　　或许有人曾屡遭打击，心灵早已变得伤痕累累，但只要找到了潜意识的力量，一切都可以康复如初，变得如同新生婴儿一般快乐圆满。它将为平凡的众生打开心灵的枷锁，让他们突破物质和肉体的局限，重获灵魂的自由！

对行动犹豫不决的潜意识
——贻误最佳战机当断不断

一位伐木工人独自上山去伐木，不小心被伐下的树砸在了大腿上，顿时流血不止。因为是单独伐木，周围无人救助，自己也没带紧急救助的医疗器具。他深知，如果不赶快将压在大腿上的大树移走，任凭血流下去，自己将会因失血过多而丧命。于是，他想用电锯将压在腿上的树锯断移走，但是腿被压住，双手也使不上力，怎么也搬不走。怎么办？情急之中他当机立断，用手中的电锯将自己的大腿锯断。这样一来，虽失去了大腿，但是保住了性命。

就当时的情况而言，伐木工人的决策是很果断的。如果事发之时，他依然迟疑不决、优柔寡断，总想等他人来救，或是总在考虑不用麻醉就锯下自己的大腿，该是多么痛苦而又恐惧的一件事啊……那么，其后果将是不堪设想的。

俗话说得好，"当断不断，必受其乱；当机立断，不受其乱"。这位伐木工人用自己的决策果断救了自己一条命。

可是，在现实生活中这种人并不多见。相反地，如果你认真、仔细地观察周围的人，就会发现有很多人都是在关键时刻办事迟疑、难以取舍、拖拖拉拉、犹豫不决，因而错过了成功的大好时机，最后以失败告终。

从前，有一个穷人，经常到寺院里去找东西吃。那附近有两座寺院，一座在河东岸，一座在河西岸。平日里，他听到东岸寺院开斋的钟声，就到东寺讨吃的；东寺吃完后，听到西岸寺院开饭的钟声，就渡河到西寺觅食。

这天不知怎么的，东寺和西寺同时开饭了。这个人就游水渡河去乞食。

游到河中心的时候，他想了想，觉得东寺的饭菜大概比西寺好，于是就扭头往东游；快游上岸了，又想到东寺的点心不如西寺做得可口，于是调转方向向西游；游了一会儿，又唯恐东寺今天做包子，去晚了吃不到，赶紧转身向东……可怜的穷人一会儿向东，一会儿向西，折腾了半天，终于游不动了，筋疲力竭沉到水底去了。

通过上面的故事我们知道，一个优柔寡断的人会失去很多的机会。"机不可失，时不再来"，有的人就是因为患得患失，因为优柔寡断而不知道利用时机，结果机会就如风驰电掣般地从你身边飞走，等待你的就只有后悔了。为什么有那么多的人永远只能漂流在狂风暴雨的汪洋大海里？为什么有些人永远到不了成功的目的地？其原因就在于太优柔寡断，不知道如何去发挥潜意识的力量。

我曾目睹过这样的奇迹：一位跛脚的先生在发挥了潜意识的力量后，居然再次获得健全的身体，并从此开始了生机勃勃的新生活。这正是因为他的灵魂极为强大，面对自己身体的这一缺陷，他没有自暴自弃，也没有犹豫不决。即使在别人看来，这是一道永远不可逾越的客观障碍，但也并不妨碍他自由自在地体验健康和快乐。这股治愈创伤的力量不在别处，就在人们的内心。

所以，请不要犹豫，从现在起就下定决心吧，去创造崭新的人生。它将会像大海一样辽阔，像天空一样宽广。每个人都有权利去发现这份内心世界的宝藏，人们的思想、感受、力量、光明、情爱和美好，都深深埋藏在这片未知的世界里。它虽是无形的，却有着实实在在的强大力量。发掘并善用这股潜意识的力量，可以让人们洞察先机、未雨绸缪，到时所有难题都会迎刃而解。

当然了，这股神奇的力量并不需要你如何费力地去攫取。从我们来到这个世界的第一天起，它就已经属于我们了。从现在起，只要你掌握了运用的窍门，它将会在你人生的各个方面发挥出令人难以置信的巨大作用。

第十二章

运用潜意识，
激发潜意识

可能你对潜意识有一定的了解，也知道潜意识的力量比意识大3万倍。所以，我们需要激发潜能，需要运用潜意识，但如何做到呢？

潜意识会依照我们心中所想的画面，构成真实事物。潜意识虽然无法分辨事情是真还是假，一旦被接受，它终究要变成事实。只要有明确画面进入潜意识，潜意识立即会想尽办法把这个画面转为事实。在你潜意识里的种种思想和观念，造就了现在的你。

看看周围的世界，你会发现，大部分的人都生活在外部世界，只有那些受到启迪的人才会非常关注内部世界。值得注意的是，这个内部世界，即你的思想、感情、想象，造就了你的外部世界。因此，这唯一的创造力产生于你的内部世界，不管是你有意识的还是无意识的，你的意识和潜意识会相互作用。为了改变外部条件，你必须首先改变内部世界！

用潜意识的暗示
重塑自我

潜意识对每个人都非常重要。它就像一个冲洗胶片的暗房，你外在的生活状态，都是从这个地方冲洗出来的。一个人要想被现在所处的世界所接受，就必须要重塑自我，不断适应新的环境，不停地学习。

所以，塑造自我，就是由内而外创建自己的新生活。当然，塑造出今天的你的，并不是你的姓名、着装、父母、邻居或者是你乘坐的小汽车，而是你心中的一个信仰。它可以通过一点一滴的影响，将一幅又一幅的图景叠加在你的生活中。最后，将现实生活中的你塑造成了潜意识中的那个你。

有一位智者，身边有一大群慕名而来向他拜师学艺的学生。有一天早上天还未亮，四周一片漆黑，智者便来到学生们的房间，问了他们一个问题："你们谁能告诉我，什么时候才算是黑夜的结束，白天的开始？"

学生们面面相觑，不明白老师的话中之意。这时候有一个平时比较机智的学生回答说："当我们看见前面走过来一个动物，并能分辨出它是一只绵羊还是山羊时，就是黑夜的结束，白天的开始。"老师摇了摇头。

又有一个学生回答说："当我们看见远处的一棵树，并能说出那棵树是无花果还是桃树时，就是黑夜的结束，白天的开始。"老师还是摇摇头。

学生们在一阵猜测过后，终于忍不住问智者："老师，我们猜不出来，那您告诉我们黑夜是什么时候结束的？"

智者这时平静地回答："当你无论看到一个男人或者女人的脸，都能把他们当作自己的兄弟姐妹时，黑夜就结束了。如果你做不到，那么无论何时，你的心都在黑暗之中。"

这个故事告诉我们，是否可以重塑自我，并非取决于外界的环境是黑夜还是白天，而是完全取决于我们的内心。

从伦理学上讲，潜意识是一个道德中性的角色。它无所谓对错，远离一切善恶是非，你的一切习惯，不管对自己利弊如何，对于它来说都是无可无不可的。起作用的一直都是内在的思想，而不是外在的习惯。我们在不知不觉中把各种负面的思想递加到潜意识里，日积月累，直到某一天，我们突然发现，这些阴暗的思想已充斥了我们的日常生活，占据了人际关系的每一个角落。事实上，现实生活中的麻烦事都是暗中积累，达到质变以后才爆发出来的，无一例外。

所以，要让你的世界发生改变，你就必须先改变自己的内心，这就是所谓的"诚于中，形于外"。只要你能够接受潜意识理论，你就会觉得，过去潜意识对你造成的那些伤害实在是无足轻重。

让我们一起来看看五只狐狸的笑话：

第一只是个脾气暴躁的狐狸。它看见了葡萄架，上面的葡萄颗颗饱满，它非常想吃，可不管它怎么努力却始终没有摘到。于是狐狸就破口大骂，埋怨把葡萄种这么高的人。而狐狸的漫骂刚好就被正在田里耕作的农夫听见了。于是便吵起来了，越吵越凶，后来，农夫一气之下将狐狸打死了。

第二只是个高傲自大的狐狸。它看见这么诱人的葡萄后，想着这肯定非它莫属了。于是，它左攀右爬，一直辛苦地够那个高高的葡萄，最后直接把自己累死了。

第三只是个忧郁的狐狸。当看见那美味的葡萄，自己却无能为力，于是，悲从中来，整日在葡萄树底下郁郁寡欢。它越想越沉重，感觉自己连葡萄都吃不到，活着的意义也丧失了，最后找了一棵树，用绳子结束了自己的生命。

第四只是个多情的狐狸。它看见葡萄后，深深爱上了葡萄。于是它天天茶不思饭不想，整日凝望着葡萄架，日复一日，叶子黄了，爱情枯了，它也疯了。从此，人们常看见疯疯癫癫的狐狸，蓬头垢面，走街串巷，嘴里还念念有词："我爱葡萄爱得深沉，它却不愿给我一个留恋的眼神。"

第五只是个很会自我安慰的狐狸。在它尝试了几次都够不到葡萄时，它觉得自己确实无法改变现状了。于是，停了下来，斜眼望了望葡萄，很不屑地说："这些葡萄看着就很酸，肯定不好吃，我才不吃，家里有更好吃的等着我呢！"然后它哼着歌回家了，虽然有一点遗憾，但至少心里不是很郁闷。

前四只狐狸都因为没有处理好期望与现实之间的关系，要么结束生命，要么精神失常。最后一只狐狸虽然没吃到葡萄，但它懂得自我安慰，心情照样不错。

吃不到葡萄就说葡萄酸，虽然这种心理一直被用来嘲笑那些得不到东西就说东西不好的人，其实这是自我安慰的心理。与此相反，那些明知道得不到，却还拼了老命去努力的人，最后不仅得不到想要的东西，自己还落得狼狈下场。他们在工作、学习和人际交往中追求绝对的完美和公正，结果愤世嫉俗，认为自己深受命运的捉弄，痛不欲生。

有这样一对姐妹，姐姐相貌平平，而妹妹却长相出众乖巧可爱；姐姐学习不好，妹妹却连年包揽学年第一名的桂冠。姐姐觉得自己仿佛成了多余的人，父母将妹妹捧在手心里呵护着、疼爱着，对她则少了该有的耐性，轻则拿她与妹妹比，重则打骂。久而久之，姐姐也开始瞧不起自己了，觉得自己天生就很差，自己永远都没有妹妹优秀。终于熬到初中毕业，她独自出去打工了。虽然离开了和妹妹比较的环境，可她因为始终没办法摆脱自卑的情绪，感觉自己在任何地方都得不到周围人的认可，最后，竟然患上了严重的精神分裂症。

俗话说："不怕想不明白，就怕想不开。"想不开，是人的痛苦之源。有些人遇事想不开，就一头钻进了死胡同，那是要有多痛苦就有多痛苦。根据心理医生的临床研究，超过七成的心理疾病患者长期无法摆脱心理困扰，他们这种情况很大一部分原因在于他们不善于转移注意力，不会在适当的时候找机会安慰自己。不懂得自我安慰，使他们的心理困扰在内心越积越多，始终得不到舒解，最后终于变成伴随一生的梦魇。

人生不如意十有八九，怎么能奢望一辈子顺利、平坦呢？很多人面对不顺利、不平坦的人生路，无法自我慰藉、自我解脱，反而一再被消极情绪俘虏，则注定了一生波折重重。而那些在失望沮丧、抑郁苦闷的时候，能够尽快找到安慰自己途径的人，才算是赢家；大多数人在工作、学习和交际过程中遇到各种各样的困难和阻力时，往往在心理上自觉或不自觉地产生解脱紧张状态，希望能够恢复情绪平衡，获得情绪稳定。这种适应性倾向，在心理学上被称为"心理防卫机制"。即拿自己能够接受的、不是理由的"理由"来自圆其说、自我安慰，这种心理防卫机制就是人类的一种自我保护的心理功能。

安慰自己，就是在自己遭遇失败、挫折、不幸，心灵感到痛苦不堪时，能通过积极的自我评价以及对自己适度的宽容，抚慰自己的心灵。要明白，困境是合乎自然的事情，它是生活的组成部分。并不是我们命不好，遇到这些困境，实际上，困境是人人必领的"快餐"，它既会困扰自己，也会光顾他人。人生不可能一帆风顺、事事如意。这样，在困境面前就不会总让心哭泣，相信"天无绝人之路"，相信"逆境不久"的真理，相信自己总有路可走，就等于跨出了困境的第一步。

自我安慰与麻木不仁、坐以待毙不同，也不是无所事事、不思进取，更不是懦弱无能、畏缩不前。相反，自我安慰是给自己一个心理空间，遇到困境能够自我调整和统合，从而轻装上阵，才有可能从困境中走出来。自我安慰对处于困境中的人，是一味良药。它可以排解消沉低迷，缓释紧张焦虑，平息怒气怨气，使心态平和积极。

王先生是一家公司的职员，由于他擅长编制软件，一直都是公司的骨干。可自从公司来了两名名牌大学计算机专业的毕业生，他感觉自己的工作和名誉都受到了威胁。一个新项目的研发由这两名新人负责，王先生很想参与该项研究，于是拟定了一份计划书递交给了领导。可是交给领导的计划书却迟迟没有回音。他觉得领导一直不给回音，肯定是瞧不起他的专科学历，觉得他没有资格参加这个研发。他越想越难过，甚至觉得领导肯定会让他下岗。每次看见领导时，他总感觉领导的态度冷淡，也觉得同事们背地里都在议论自己，从此变得不想上班，怕见熟人，后来连商场、公园都不敢去了。后来听了心理专家的建议，王先生才变得豁然开朗。心理专家告诉他，要换一种思维来安慰自己：不就是个项目研发吗？不让我干，我正好可以休息，用不着加班加点了，可以经常陪陪妻子和儿子了。新人虽然是名牌大学的，可是他们的实践经验远不如我，很多实际问题还没有我懂得多呢。从此，心情舒畅了，看领导也亲切了，看同事也顺眼了。

学会自我安慰，这是一种心理防卫的方式。在人生的旅途上，并不是事事如意，下岗待业、职务被免、疾病缠身、情场失意等不尽如人意的事情，总会被我们碰到一些。这些不顺的事情，常常会使我们愤愤不平，叹息不止。在这些不顺的事情面前，我们应该学会自我安慰，平缓一下心态，防止发生心理扭曲、变态。心理扭曲，不但影响工作情绪和生活质量，而且有害于身心健康。

遭遇不顺的事情时，我们就运用积极的词汇来评价自己，评价自己所做的事情，告诉自己：这个事情做不好也没什么，说不定是好事呢！我正好也需要休息休息。采用这种方法，你会发现，平衡自己心理的能力，维持自己健康的能力，都是多么重要啊！其实，如果每一个人都能巧妙运用自我安慰的心理，也许这个社会就会多一分快乐，少一分忧愁。如果每一个人都能够把自己的烦心事放开一点，就不会有那么多人整天陷入精神不振的状态中了。那么，我们可以采用哪些方法进行自我安慰呢？

第一，心理补偿法。具体就是，在我们最消沉最失意的时候，不再说自己得不到的是什么东西，而是百般强调自己已经得到的东西的好处。这样可以减轻内心的失望与痛苦，这种心理就被称为甜柠檬的作用。它的特点就在于淡化原先预定的目标与结果，夸大既得利益的好处，缩小或否定它的不足之处，以减轻达不到预定目标时的失望情绪。用这种方法安慰自己，使自己能够从阴影中走出来，重新找回自我。

能够巧妙使用心理补偿法的人，面对自身的缺陷或其他缺点，他们并不灰心，而是超越自卑，积极补偿，使缺陷成为激励他们进取的力量，在心理上和行为上都表现出强者的姿态。例如，一个大学生想报考研究生，但自知考不上，便自我安慰道：其实现在的社会更看重的是社会经历，大学学历也就够了；某人想参加舞会，但自己不会跳舞，又不好意思让别人知道自己不会跳，便对人说自己喜欢安静，不愿去热闹的场合；有的孩子天资差，但其父母却说，傻人有傻福。也许那个大学生没有考研而去参加工作，在工作中自知比不过研究生，所以就利用空余时间给自己充电，一步步提高自己的工作能力。那个想参加舞会的人，在家里听音乐，感觉比在吵闹的舞会中更舒畅。那个天资差的孩子，因为不需要用聪明的光环来笼罩自己，他的童年没有好的成绩，却过得比其他孩子更快乐。

第二，角色扮演。沮丧、紧张、忧郁，这是人们面对困境的正常反应。

这时，我们可以装出自己所希望体验的情感——高兴、轻松、自信，就能切实地帮助我们体验到这种心境。这就是心理学研究中一个重要的新原理：扮演我们想要体验的角色，有助于我们感受到那种角色的心境——在难受的境遇中需要得到更多的自我安慰，在事情弄糟的时候需要感受更多的快乐。

给潜意识的暗示 赋予积极的解读

心理学家认为，"人是唯一能接受暗示的动物"。积极的暗示会对人的情绪和生理状态产生良好的影响，激发人的内在潜能，它不但可以使人勤奋进取，而且能够影响人一生的命运。

不同的人对同样的暗示有不同的反应，这是因为人们的潜意识状态不同。就字面意义而言，所谓"自我暗示"，是指意识把某种确定和具体的观念输送给自己的过程。自我暗示是一把双刃剑，如果使用不当就会对自己造成伤害，但是只要你应用恰当，许多问题都会迎刃而解。

在实际生活中，有许多人被不安和自卑情绪困扰得痛苦不堪，但稍加分析就会发现，他们将极小部分的失败或恐惧扩大化了，甚至扩大到了工作的整体。

有的人与上司发生了一次口角，就对工作失去了信心；有的人对上司某一决策有看法，就觉得工作没意思；有的人跟同事闹了别扭，就觉得上班没劲；有的人跟一位客户发生了一次冲突，就觉得这工作没法干等。由于某一方面的不顺心，就影响到整体工作，使自己陷入烦恼的深渊。

实际上，上述情况是对工作的某一部分产生了不满，至于对工作的其余部分，并没有什么意见。可是，他们却将其扩大化，以偏概全，使自己对整个工作不满，从而产生消极的心态。

在此种情况下，不妨做以下分析：你对工作整体不满意的原因是什么呢？原来是对某一领导不满意。再分析一下，为什么对某一领导不满意呢？是某一领导对某事处理得不够好。再分析一下原因，便可想到，当领导的不可能样样事情都处理得很好。再说，领导处理问题是站在全局角度的，也许是自己的看法不够全面。这么一想，心情就舒畅多了，怒气也就没有了，消极因素也就消失了。

对工作失去信心的原因又是什么？是与一个领导发生了口角，还是与所有的领导都发生了口角？不是，仅与领导中的一个发生了口角。他仅是领导中的三分之一或五分之一。没关系，这不会影响到你的工作，也不会影响到你的前途。如此考虑问题，消极心态就不存在了，你也就不会对工作失去信心了。

现在，我们对于消极性的信息几乎是随处可见。比如我们随便拿起一张报纸或者转到某一个频道，你都会发现无数消极的报道。哪儿发生矿难了、飞机坠落了、火车脱轨了、失业率增高、房价一直在涨……这些报道会不断地在你的心中播下焦虑的种子，叫你寝食难安、如临大敌。

但是，一旦你有效地抵制了这些信息，你就会发现，你所看到的那些所谓言论不过是一种宣传。由此可见，只要我们能够依靠自己内心的力量来把这些信息拒之门外，这时候生活便向你敞开了通往康庄大道的大门。

运用潜意识
化解羡慕嫉妒恨

　　王城以优异的成绩考入某所名牌大学，他性格热情大方、乐于助人，人缘很好。刚上大学时，他与班上同学的关系非常融洽。同学们都喜欢朴素、热情的王城。可慢慢地，到了大三，他产生了严重的不平衡心理。

　　看到别的同学比他强，他就嫉妒；只要老师表扬别的同学，他心里就很不舒服；看见别的同学家境很好，不用勤工俭学就能过上很宽裕的生活，心里对他们就产生反感，他时常怨恨自己的父母没有能力；看见别的同学都有男女朋友，而自己总是一个人，连一个爱慕的人都没有，所以对那些谈恋爱的同学嗤之以鼻。

　　王城尤其嫉妒与自己水平相当的刘涛，可是刘涛的成绩越来越好，而且被选为班干部。原来与自己差不多的人而今比自己强很多倍，这让王城更加妒火中烧了。这种嫉妒心理，让王城把注意力没有集中到读书学习上，以赶上刘涛，反而集中在刘涛身上，时刻注视着刘涛的一举一动，妄图从中抓住把柄。刘涛不是完人，必定有一些缺陷。王城就抓住这些缺陷，开始到处散布流言蜚语，造谣中伤。同学们都讨厌这种造谣的人，也就开始讨厌他。王城为了把刘涛比下去，在竞选班干部时竟然不知羞耻地在下面做小动作、拉选票。当然，他的小阴谋被同学们识破，唱票时只有他自己投了自己一票，搞得十分狼狈。

　　一计不成他又生一计，不管怎么样，他一定要比别人更优秀。在期末考试中，他知道凭自己的水平是拿不了高分的，就采用夹带纸条的方式作弊。

在最先进行的两门考试中，他的计谋得逞了。正当他自鸣得意、觉得胜利在望时，在第三门考试中被监考老师抓个正着。老师说："我早就注意你了，以为你会有所收敛，没想到你一而再，再而三地作弊。我再也不能容忍你的作弊行为了。"大学里考试作弊是要被处分的，王城知道这下子自己真的身败名裂了。他不想自己的前途从此走向黑暗，当下便痛哭流涕地求监考老师手下留情，可是学校的制度是无情的，王城的名字上了作弊的名单。当天，学校教务处就作出了开除其学籍的处分决定。

因为嫉妒，一个品学兼优的大学生断送了自己的大学生涯。嫉妒心是人们普遍存在的一种病症。著名的心理学家朱智贤主编的《心理学大词典》是这样解释"嫉妒"的："与他人比较，发现自己在才能、名誉、地位或境遇等方面不如别人而产生的一种由羞愧、愤怒、怨恨等组成的复杂情绪状态。"

从本质上看，嫉妒心理是一种不健康的心理，它总是与不满、怨恨、烦恼、恐惧等消极情绪联系在一起，不利于保持正常的人际交往及健全的社会生活。它不但危害他人，给人际关系造成极大的障碍，最终还会摧毁自身。培根说："人可以允许一个陌生人的发迹，却绝不能原谅一个身边的人上升。"正因为这种不健康的嫉妒心理，使亲密的好友翻脸，双方都会受到伤害。"嫉妒"二字很多时候用于深陷情网中而又情感丰富的女子身上，也就是人们常说的"吃醋"。爱吃醋的女子心眼都不够大，嫉妒其他人得到爱人的呵护与疼爱。当然，真正的嫉妒是不分性别和事件的。在日常生活中，我们不知不觉地受到别人的嫉妒，或自己本身也在不知不觉对别人产生嫉妒之心。比如有的人嫉妒他人家庭富裕有钱，将他人的手机、手提电脑等贵重物品偷偷毁坏或变卖掉；有的人嫉妒自己的同事升职，便传递假信息，混淆是非，诋毁攻击对方；有的人嫉妒其他两个人关系密切，就制造绯闻、写匿名信，故意让嫉妒对象出丑等。嫉妒心引发的这些现象和行为，破坏了和谐和融洽的心理氛围，给被嫉妒者造成沉重的心理压力，使得被嫉妒者发生一系列的非正常事件，如斗殴、轻生、暴力等，给心理罩上阴影，给生活带来不幸，在社会上产生了极大的消极影响。

嫉妒心是一种比仇恨还强烈的恶劣心理，即使你通过非正常手段给被嫉妒者带来灾难和困扰，你的灵魂也在经受煎熬。这种煎熬带来的压力，不亚于一把插在心口的尖刀，让自己痛不欲生。法国大作家巴尔扎克说过："嫉妒者比任何不幸的人更为痛苦，因为别人的幸福和他自己的不幸，都将使他痛苦万分。"

嫉妒作为人性的弱点，几乎谁都会有那么一点。虽然嫉妒是一个人普遍的也可以说是天生的缺点，但绝不可因此而忽视它对我们自己的危害性。心理师指出，善妒的人总是处在煎熬之中，因为他们总是拿别人的优点来折磨自己，破坏自己良好的心境。善妒的人很容易患身心疾病。研究表明，嫉妒能造成人体内分泌紊乱，消化腺活动下降，肠胃功能失调，经常腰酸背痛和胃痛腹胀，夜间失眠，血压升高，脾气暴躁古怪，性格多疑，情绪低沉。久而久之，各种身心疾病就和嫉妒者如影相随了。

既然嫉妒心理有如此多的危害，我们该怎样消除嫉妒心理呢？首先，尽量缩小"我"。美国剧作家佩恩说："嫉妒者对别人是烦恼，对他们自己却是折磨。"嫉妒的发生，归根结底是个人心理中"我"的位置过于膨胀。善妒者往往是那些以自我为中心，凡事只想到自己的人。要消除嫉妒心理，就要从自己的心态入手，驱除私心杂念，做到心胸宽广，诚心待人。要记住："与人方便，与己方便。"我们要设身处地地为对方着想，诚恳地肯定对方，以一种欣赏的角度去品味别人的优秀。还要学会体谅他人，认真地站在对方的角度和立场看问题，这样一来，人际关系一定能处理好。

其次，要有自知之明。嫉妒心，大多是对别人取得的成就或得到的东西不满，那我们就要正确评价自己，认识到自己的不足，从而明白别人得到的是因为他们付出了，这种心态即人们所说的"自知之明"。我们还要学会自我安慰，世界上没有十全十美的人，一个人限于各方面的条件，不可能样样都比别人好。因此，在学习和生活中，既要不服输，又要服输。不服输是为了使自己进步，服输是为了更好地向别人学习。我们要善于取人之长，补己之短，依靠自己的不断努力赶上和超过对方。

最重要的是，要做到乐观向上。积极乐观的人，心胸开阔，很少存有嫉妒之心。人生总免不了遇到胜利和失败，应当做到"胜不骄""败不馁"，遇事要平静、客观地看待。有些东西已经失去了，就接受失去的事实；有些东西我们始终得不到，那就接受得不到的事实，不要看得太重，要保持乐观向上的良好情绪。

另外，要时刻保持自信。大量的研究表明，有嫉妒心理的人对自己没有信心。有嫉妒心的人，常有一种"危机感"，就是怕别人超过自己，担心显出自己的落后和平庸。信心是成功的一半，只有对自己满怀信心，才能有做事情的动力，才能把事情真正做到位。因此，对自己有信心就不易产生嫉妒心理。

运用潜意识消除交际的心理障碍

人的交际活动是建立在双方真正的心理互动、情感交流的基础上的。在人际关系交往中，心理状态不健康者，往往无法拥有和谐、友好和可信赖的人际关系，在与人相处中，既无法得到快乐满足，也无法给予别人有益的帮助。为了拥有和谐愉快的人际关系，社会心理学家归纳出以下几种常见的不良心理状态，请大家在与他人交往中努力避免。

1. 自卑心理。

有些人在与他人的交往中有自卑心理，从来不敢在别人面前阐述自己的观点，做事犹豫不决，缺乏胆量，习惯随声附和，没有自己的主见。在交流中无法向别人提供值得借鉴的有价值的意见和建议，让人感到与之相处是浪费时间，自然会避而远之。

自卑的浅层感受，当然是别人看不起自己，而深层的了解则是自己看不起自己，即缺乏自信。对于自己能做什么，始终没有一个客观和正常的判断，总是习惯于贬低自己。

2. 嫉妒心理。

潜意识的嫉妒心理是一个人的本能。一位伟大的作家曾说过："嫉妒者总是用望远镜观察一切，在望远镜中，小物体会变大，矮个子会变成巨人，疑点甚至也会变成事实。"

有人说嫉妒是我们每个人的天性，尤其是在与人的来往过程中，面对别人的优点、成就等不是赞扬而是心怀嫉妒，企望着别人不如自己甚至遭遇不幸。试想，一个心怀嫉妒之心的人，绝对不会在人际交往中付出真诚的行为，给予别人温暖，自然不会讨人喜欢。

3. 多疑心理。

多疑心理是人们在人际交往中一种非常不好的心理品质，可以说是人们之间友谊之树的蚀虫。尤其是朋友之间，最忌讳猜疑，无端怀疑别人是谁也接受不了的。有些人总是怀疑别人在说自己的坏话，没有理由地猜疑别人做了对自己不利的事情，捕风捉影，对人缺乏起码的信任。这样的人喜欢搬弄是非，会让朋友们觉得他是捣乱分子，从而避之不及。

4. 自私心理。

有些人在与人交往时，总想从中捞点好处，要么冲着别人的位子，要么想从别人那里得点实惠，要么为了一事之求。如果对方对自己没有实质性的帮助，就不愿意和对方交往。这种自私自利的心理，容易伤害别人，一旦别人认清其真实面目后，就会坚决中断与其交往。

5. 羞怯心理。

羞怯心理是绝大多数人都会有的一种心理。凡是具有这种心理的人，他们往往在交际场所或者大庭广众之下，羞于启齿或害怕见人。他们由于过分的焦虑和不必要的担心，使得自己在人际言语上支支吾吾，在行动上手足无措。长此以往，当然会不利于同他人的正常交往。

6. 冷漠心理。

孤芳自赏，以为自己是人中凤、天上仙，是人世间最棒的，把与人交往看成是对别人的施舍或恩宠。自我感觉特别良好，总是高高在上，端着个架子，一副骄傲冷漠的样子，让别人不敢也不愿意接近，自然不会拥有更多朋友。

7. 成见心理。

对己自由主义，事事放纵；对人马列主义，事事计较，而且极为刻薄。因为一件事情而对别人怀恨在心，心生怨恨，从此认定对方不值得交往。这样的人，在人际交往中往往容易走进死胡同，遇事与人斤斤计较，朋友会越来越少。因为没有一个人是永远不犯错误的，不懂得原谅，就不会长久地拥有友情。

对此，我们已经很清楚了，这就是潜意识的根本法在起作用。当上面的七种坏毛病在潜意识中发展壮大时，我们就很难再与他人建立并维持一种和谐平衡的人际关系。因此，破除这些心理障碍是十分必要的。

一天早上，有一个人想把一张画挂在自家墙上。他有钉子，但没有锤子。突然又想到邻居家有锤子，于是他决定到邻居那儿去借锤子用。

就在这时候他起了疑心：要是邻居不愿意把锤子借给我，那怎么办？昨天在街上他对我只是漫不经心地打招呼，看他匆匆忙忙的样子，也许这种匆忙是他装出来的，其实他内心对我是非常不满的。有什么事使他不满呢？我又没有做对不起他的事，是他自己在多心罢了。要是有人向我借工具，我立刻就借给他。而他为什么会不借呢？怎么能拒绝帮别人这么点儿忙呢？而他还自以为我一直在依赖他，仅仅因为他有一个锤子！我受够了。

于是他迅速跑过去，按响门铃。很快邻居开了门，还没来得及说声"早安"，这个人就冲着邻居喊道："留着你的锤子给自己用吧，你这个恶棍！"

上面这则故事，就是因为这个人消极的思想造成了错误的行为。正如英国哲学家培根说的："多疑之心犹如蝙蝠，它总是在黄昏中起飞。这种心情是迷陷人的，又是乱人心智的。它能使你陷入迷惘，混淆敌友，从而破坏人的事业。"让我们在生活中寻找证据，用证据来验证自己的猜疑以及怀疑。所以，我们只有拥有积极的心态，才可以避免一切不必要的麻烦和错误。

一位智者曾经这样说过："在你的一生中，你必须宽容三次。你必须原谅你自己，因为你不可能完美无缺；你必须原谅你的敌人，因为你的愤怒之火只会影响自己和家人；在寻找快乐的路途中，最难做到的或许是你必须原谅你的朋友，因为越是亲密的朋友，越会在无意中深深伤害到你。"

宽容对于我们每一个人都很重要，如果我们拥有一颗宽容之心，不管是对于自己，还是和你相处的人都非常关键。宽容不仅能使一个人的心变得豁达，能进一步理解别人，也能让自己心中的疑惑一点点消失，让很多想不开的事都变得很平常。有朋友的人生路上，才会有关爱和扶持，才会少一点风雨；多一点温暖和阳光，多一点对别人的宽容，我们生命中也就多了一点空间。

有句话叫"福祸无门，唯人自招"，人一生的福气有多种，其中最恒定的就是宽容。因为这种福气并不是谁给予的，而是对自我的赐福。一颗心能装下别人或者自己的缺点，才能装下整个世界的风风雨雨。我们宽容了别人，不仅给了他们尊重和信任，同样也给我们以赐福。可见，宽恕就是一种付出，对他人付出你的爱、快乐、智慧和所有生活中的幸事，直到你心如止水，这才是对宽容之心的一种严峻考验。

"苦乐不取决于外境，而是取决于我们看待外境的态度。"每个人都希望自己得到安乐，不愿意遭遇任何痛苦。可是，如果我们内心没有养成一种宽容的秉性，这种希望就永远不可能实现。面对不如意的外境，如果我们的心一分钟不宽容，就会痛苦一分钟；一天不宽容，就会痛苦一天；一年不宽容，就会痛苦一年；一辈子不宽容，就会痛苦一辈子。一直到我们的心开始宽容，并释放掉所有不满和怨恨，痛苦也就会从内心消失，快乐才有可能在内心"安家"。一则禅宗故事最能诠释"宽容"二字的内涵。

有一位得道高僧一直居住在终南山，在寺旁附近还住着一位少女，可她竟与仇家的儿子相恋，生下一子，其父逼问是谁的儿子，此女被逼不过，又怕心上人吃亏，就随口说是这位高僧的。其家人便把新生儿送到了庙中，并对高僧百般羞辱，但高僧什么话也没说，就把孩子抱入庙中抚养，同道师兄的冷嘲热讽也没让他产生弃婴的念想。为了使新生儿活下去，他每天下山为孩子找奶吃，任人们往脸上唾口水，他毫不在意，只当是自己的孩子一般。后来那两家和好了，相爱的年轻人终成眷属。两人至此才说出真相。女方家人觉得很不好意思，周围的人们知道真相后，纷纷为这位高僧鸣不平，大家一起上山向这位高僧道歉。高僧什么话也没说，只是把已经会走路的小男孩交给了小两口，就进庙去了。高僧的无言，不正是对"宽容"一词的最好注释吗？

其实，人们在日常生活中遇到的许多纠纷常常由一些鸡毛蒜皮的小事引起，这些小事在双方感情好时常常被忽略，感情不好时就会被放大，搞得剑拔弩张。心理学研究告诉我们，感情常常带有盲目性、冲动性和时间性。聪明的人在处理这类纠纷时常采用"不置可否""听其自然"的方法，也称为"冷却法"。因为人们的感情冲动常会因时间的消逝而冷静下来，此时再看这些纠纷是何等的不值得，矛盾也会随之化解。倘若过分热衷于搞清谁是谁非，一味地斤斤计较，或只顾发泄心中的愤恨，则无异于"火上浇油"，反而会激化矛盾。由此可见，在处理某些感情冲突时，适当地"糊涂"一下是很有必要的。

古时候，有一位德高望重的长者，在寺院的高墙边发现了一把座椅，他知道是有人想借此越墙到寺外，于是长老便把椅子搬走了，凭感觉在这儿等候。到了午夜时分，外出的小和尚回来了，很熟练地爬上墙，然后跳到了"椅子"上，这一次他觉得"椅子"不似先前硬，软软的甚至有点弹性。落地后小和尚定眼一看，原来他跳到了长老的身上，是长老用脊背支撑住了他。小和尚见此情景，仓皇离去，这以后的一段日子里，他每天都诚惶诚恐等候长老的发落。可是长老并没有这样做，从那以后压根儿也没提及这件事。于是，小和尚从长老的宽容中获得启示，收住了心再没有去翻墙，通过刻苦的修炼，成了寺院里的佼佼者。若干年后，成了这儿的长老。

通过上面的故事，归集到一点：长老的宽容唤起了小和尚的潜意识，纠正了他的人生之舵。更深一层说，宽容别人其实就是宽容我们自己，一个拥有宽容之心的人，不仅需要"海量"，更需要一种修养促成的智慧。只有那些胸襟开阔的人才会自然而然地运用宽容；反之，当时长老如果一声不响地搬走了椅子，对小和尚"杀一儆百"也没什么说不过去的，小和尚可能会从此收敛一点，但绝不会真正反省，那么也就没有以后的故事。

所以，从现在起我们必须要学会宽容。如果有一天你伤害了别人的自尊心，那么你也不会得到善意的回报。你对别人苛刻，难道还奢望别人对你仁慈吗？而且你要知道，我们每个人都想得到爱和赞赏，都需要感受到自身存在的重要性。我们更应该充分地认识到自己的价值所在，而别人也跟你一样，也会感受到自己作为人类的一员是多么神圣啊！

$$\Bigg[\quad\text{激发进取}\atop\text{的潜意识}\quad\Bigg]$$

　　每个人都会有不断进取的潜意识，而想要成为一个成功者，就是要不断进取，学会捕捉人生中的每一次机遇。在生活中，人们常常喜欢感叹机遇难求，于是就有了"生不逢时"的感慨。殊不知，积极进取才是个人健康成长的重要因素，无论是在学习、工作，还是生活中。

　　在我们前进的道路上，或许有鲜花和掌声，同时也会有困难和挫折，凡事不可能一帆风顺，但只要我们有了积极进取的精神，在生活中就会奋发向上、不甘落后。因为进取心是一种难得的美德，它能驱使一个人在不被吩咐应该去做什么事之前，就能主动地去做应该做的事。要明白，一个没有进取心的人永远不会得到成功的机会。

　　有一天，尼尔去拜访毕业多年未见的老师。老师见了尼尔很高兴，就询问他的近况。这时候，尼尔一肚子委屈地说："我对现在做的工作一点都不喜欢，与我学的专业也不相符，整天无所事事，工资也很低，只能维持基本的生活。"老师吃惊地问："你的工资如此低，怎么还无所事事呢？""我没有什么事情可做，又找不到更好的发展机会。"尼尔无可奈何地说。"其实在你的工作中并没有人束缚你，你不过是被自己的思想抑制住了，明明知道自己不适合现在的位置，为什么不去再多学习其他的知识，找机会自己跳出去呢？"老师劝告尼尔。

　　尼尔沉默了一会儿说："我运气不好，什么样的好运都不会降临到我头上的。""你天天在梦想好运，而你却不知道机遇都被那些勤奋和跑在最前面的人抢走了，你永远躲在阴影里走不出来，哪里还会有什么好运。"老师郑重其事地说，"一个没有进取心的人，永远不会得到成功的机会。"如果一个人把时间都用在了闲聊和发牢骚上，而不去想用行动改变现实的境况，对于他们来说，不是没有机会，而是缺少进取心。如果一个人安于贫困，那么在身体中潜伏着的力量就会失去它的效能，他的一生便永远不能脱离贫困的境地。

可见，一个人除具备获得成功机遇的能力外，有一颗进取心也显得尤为重要。只要你积极进取，捕捉到一个适当的机遇，你就成功了一半。

有两个好朋友，他们相伴一起去寻找人生的幸福和快乐，一路上风吹雨淋，在即将到达目的地的时候，遇到了风急浪高的大海，而海的彼岸就是幸福和快乐的殿堂。

这怎么办呢？两个人产生了不同的意见：一个说，已经到岸这边了，一定要渡过大海，到达彼岸，建议采伐附近的树木造一条木船渡过去；另一个说，算了吧，太危险了，无论哪种办法都不可能渡过，与其自寻烦恼和死路，不如等大海的水流干了，再轻轻松松地走过去。

就这样，两个人因为不同的意见，开始做不同的事。一个人每天都忙碌着砍伐树木，丈量尺寸，并想象着海的彼岸那种幸福和快乐，因此，每天都积极快乐地制造船只，并且在造船累的时候顺带学会了游泳。而另一个则每天什么事都不干，而且还郁郁寡欢，只是等待着海水流干。当已经造好船的朋友准备扬帆出海的时候，另一个朋友还在讥笑他的愚蠢。不过，造船的朋友并不生气，临走前对他的朋友说："即使我尝试了，可能也到不了快乐的彼岸，但是如果我不尝试，我永远也不会到达快乐的彼岸，我相信快乐是不会自己走到只会等待的人面前的。"

快乐是要自己寻找的，而不是等来的。心理学家认为，情绪是可以自己控制的，如果我们处于不利的环境中，但我们可以对自己进行积极的心理暗示，那么情绪和行为就会产生良性反应，也就是"假装快乐就会真的快乐"。可是，有一些人习惯使用消极的暗示，就往往会把事情弄糟。

美国加州大学心理学家艾克曼做了这样一个实验，他要求受试者装出悲伤、高兴、恐惧、愤怒等各种表情，结果发现受试者的身心跟着起了变化。当一个受试者装出害怕的表情时，他的心跳也会相应加速，皮肤温度就会降低。当一个受试者故意装作愤怒时，由于"角色"的影响，他的心率和体温都会上升，表现其他情绪时，也会有相应不同的变化。实验表明，一个人总是想象自己进入某种情境，感受某种情绪，结果这种情绪90%就真的会到来。因此，若要摆脱坏心情，可以采取"假"快乐，"假"快乐可以变成"真"快乐。实用心理学权威威廉·詹姆斯告诉我们："如果你感到不快乐，那么唯一能找到快乐的方法，就是振奋精神，使行动和言辞好像已经感觉到快乐的样子。"

比如，我们在逗一个眼泪汪汪的孩子时，总会对他说"笑一笑呀"，如果孩子勉强地笑了笑之后，过会儿他就真的开心笑起来了。又如，一个女孩儿挺招同事们喜欢的，但她太敏感了，老是觉得大家不喜欢她，结果，大家真的不再喜欢她了。再如，有个人总是觉得自己的能力差，后来，他的工作就真的越做越差。可见，消极的心理暗示对我们个人发展非常不利。

所以，我们必须消除一些消极的心理暗示，多采用积极的心理暗示。我们要努力调适自己的心理和情绪，让自己能够转忧为喜，化苦为甜。这其实是对自己情绪的积极调整，如果一个人总是沉浸在一种消极的阴郁的心理状态之中，他使用消极的心理暗示，他的情绪会更加恶化。反之，他积极主动地去改变这种消极的氛围，加一些积极的阳光的情绪在里面，情绪就会不断积极起来。可以这样试一试：把选好的积极暗示语录在磁带上，重复录满磁带的一面。睡觉时将录音机打开，每晚放半个小时。清醒过来，就会遵照被催眠的暗示去行事。这样反复播放数周后，暗示语就会生效，你的潜能就会得到开发。

爱丽丝从前是一个愁眉苦脸的人，她总是因为很小的事情就变得烦躁不安、心情紧张。孩子的成绩不好，会令她忧心一整天；先生几句无心的话，会让她黯然落泪。即使一件很小的事情，都会在她的心中盘踞很久，造成坏心情，影响生活和工作。

有一次，她有个重要的会议，但是看看镜子里的自己，无精打采，沮丧的心情总是挥之不去。她打电话问自己的心理医生："我到底该怎么做？我的心情非常沮丧，模样如此憔悴，精神如此低落，怎么参加这么重要的会议？我肯定会在这次会议上出糗的。"听完她的话，这位心理医生告诉她："洗把脸，先把令你沮丧的事放下，记住，洗脸时把无精打采的容颜洗掉，修饰一下仪容来增强自信，想着自己就是个很得意很快乐的人。注意！一定要装成充满自信的样子，你的心情会好起来的，很快你就会谈笑风生了。"她照着医生所说的去做了，当天晚上她告诉医生说："我不仅成功地参加了这次会议，并且争取到新的项目和投资。我没想到强装信心，信心真的会来；假装心情好，坏心情自然就消失了。"

情绪改变了，行为也改变了。情绪关系着我们是否能工作顺利、生活愉快。很多人都有这样的弱点，在心情不好的时候，会不自觉把坏心情抱得更紧。他们可能关起门来，不跟任何人说话。可能会嘟着嘴生闷气，锁着眉头胡思乱想。这些行为，让他们的心情更坏、更难过。心情好，一切都才会好，所以，如果一些麻烦事使我们萎靡不振，那么就不要想不开心的事了，挺起胸膛，脸上露出一个开心的微笑，试着让自己表现出若无其事的样子。可能刚开始这样做觉得很费力，但是装作快乐时间长一点，我们就会发现，烦恼会自然地消逝。假装快乐，你就会真的快乐。心情的好坏，很大程度上是由我们自己决定的，换个想法，调整一下态度，新的心境就来了。因此，当我们发现自己陷入坏情绪的包围之中时，就应当提醒自己立刻作出快乐的样子来，丢掉惨淡的心境。

如果我们与上司发生了一次口角，就对工作失去信心；如果跟别人闹了别扭，就觉得干什么事都没劲，这样下去，我们的状态就会越来越差。何不换个方式，对着镜子笑，对自己说"我的心情很愉快，我要努力地工作"，不悦情绪可能就会渐渐消除。如果情绪陷入烦恼中，就暂时不想烦恼事，回忆一下愉快的往事，还可以用微笑来激励自己。当然，要尽量地真笑，要尽量多想快乐的事情。也可以高声朗读一些能振奋精神的书，边读边作出精神振奋的表情。一项心理研究显示，心情烦恼的病人带着表情高声朗读后，他们的情绪会大为改善。

要知道，这个世界上有四类人：第一类人是永葆进取心的人，即主动地、积极地去做自己应该去做的事，不用别人吩咐他。第二类人是当别人告诉他该怎么做时，他才去做。第三类人是被别人从后面踢时才去做事，这类人往往抱怨运气不佳，怨天尤人。第四类人是根本不会去做他应该做的事，即使有人跑过来向他示范怎样做，并留下来陪着他做，他也不会去做。而你属于哪一种人呢？

如果你想成为一个具备进取心的人，就必须克服拖延的习惯，把它从你的个性中除掉。这种把你本该在上星期、去年或甚至于十几年前就要做的事情拖到明天去做的习惯，正在啃噬你意志中的重要部分。除非你革除了这个坏习惯，否则你将难以取得任何成就。

如何克服这个坏习惯呢？你可以从今天起，每天从事一件目标明确的工作，不必等待别人给你指示时，你就已经主动完成了这项工作；你可以到处去寻找，每天至少找出一件对其他人有价值的事情来做，而且不要期望从他人那里获得报酬；你还可以把每天要养成这种主动工作习惯的价值告诉别人，至少告诉你身边的一个人。

伟人曾说过，"成功最大的敌人之一是自满"，因为自满会使人意志消沉。可是在我们身边还是有许多人因为一点小小的成功而自鸣得意，不愿再向前迈一步。他们也未曾意识到，拥有一笔数量可观的现金或一两个不错的头衔并不是真正的成功。而真正的成功是永远向前看的精神气魄——永无止境的志向。

人生的意义是一个接一个地实现自己的目标，因为目标的无止境，决定了成功人士的奋斗无止境；人生的意义在于不断地做事，不断地进步；人生的目标是一种进行时的指南，而不是一个最后固定的地点。如果你不满意自己的现状，那就表明你有追求上进的潜质。这时候，你只需要大胆地向前看，迈出你的步伐。因为你的心有多大，就意味着你能把事做多大！

为潜能量找一个
正确的出口

　　每个人的潜能都是无限的，关键就是要为自己寻找到一个能充分发挥潜能的舞台。找一个好的事业平台，内外合一，这样我们才能实现理想与现实的完美结合。尤其对于现在的一些年轻人来说，我们如何才能少走弯路，有一个好的开端，然后开始一番成功的事业呢？

　　首先，你要了解一下自己的潜能，再看看你又开发了多少潜能。就拿人的大脑这种物质为例，它控制和管理着人的身体和精神。然而据科学家研究，人类对大脑的利用率极低，普通人对大脑的利用率不过2%~5%，连最聪明的爱因斯坦也不过利用了10%左右。对于人类来说，大脑就像一个神秘的巨人，其无穷的潜力正等着人类去发掘。

　　有一年，一支英国探险队在茫茫的撒哈拉沙漠里跋涉，走了很久都没有走出去。队员们又累又渴，渴得嗓子里直冒烟，可是行走了好久的路程，大家的水都没了，队伍里弥漫着一股死亡的气息。这时，探险队长拿出了一只水壶，对队员们说："这里还有一壶水，但在穿越沙漠之前，谁也不准喝。"

　　于是，这壶水寄托着队员们求生的信念，在他们濒临绝望的脸上，又露出了一丝坚定的神色。终于，探险队顽强地走出了沙漠。大家用颤抖的手拧开了壶盖。然而令人吃惊的是，从壶里缓缓流出的根本不是水，而是沙子！

　　故事中的这个队长虽然对自己的队员撒了一个谎，但他的动机是睿智的，他知道怎样去激发队员的潜能。这壶沙子就好比一粒种子，在队员们的心里面生根发芽，给了他们求生的力量和勇气，最终领着他们走出了绝境。可见，对于物质上的潜能而言，精神上的潜能拥有更为巨大的力量。尤其对于逆境中的人们来说，能否激发出自己的潜能，将是能否走出逆境的关键。

对于我们每一个人而言，要想获得成功，就必须充分激发自己的潜能。而要想充分发挥自己的潜能，你首先必须得是一个自信的人。西方一位心理学家曾下结论说：对一个人最大的伤害，是伤害他的自信心；对一个人最大的帮助，是帮助他树立自信心。

很久以前，有一位名叫麦克的美国男孩，从小就非常喜欢垒球运动，并与许多同龄人一起接受了严格的垒球训练。

有一天，教练让队员们排成一行，练习击球。男孩们都击得很好，唯独麦克表现得很不好，他总是无法击中目标。其他男孩便开始议论说："麦克根本就不是打垒球的料。"麦克懊恼极了，于是向教练请求离开球队。教练没有接受他的请求，只是淡然地对他说："不是你不会打垒球，而是你的手套有点问题。"接着，教练给了麦克一副新手套，并鼓励他说："戴上这副神奇的手套，你一定能成为最优秀的队员。"教练的话果然应验了，麦克成了队里最优秀的队员。

从表面看来，麦克的成功取决于那副新手套的神奇力量，但那副手套只是一副普通的手套，根本没有任何魔力。而真正起作用的是教练在递给他新手套时所作的一番鼓励。这种鼓励使麦克重拾自信心，然后通过艰苦的努力，成了最优秀的队员。

要知道，人有永远待于被激发的无限潜能。一个人的潜能是需要被激发的，在没有完全激发出来之前，人们永远不知道自己的潜能有多大。想想过去，有多少事因为担虑太多不敢涉足，而一次次地错过？能力，是在体验中积累起来的。太多时候因为各种因素而不给自己体验的机会，特意地保护便成了另一种形式的扼杀。

　　一些人之所以总是与成功失之交臂，并非他缺少才华或能力，而是他不知道如何发挥自身的无限潜能。那么，究竟该怎样发掘自己的潜能呢？

　　第一，想做什么就做什么。不要事先考虑想要说些什么，张开嘴巴说出来就行。不要做计划（不要考虑明天），不要在行动前有任何考虑。还要养成大声说话的习惯，但不必对别人大声喊叫或使用愤怒的声调，只要有意识地使声音比平时稍大就行。因为大声谈话本身就是解除压抑的有效方法，它可以调动起全身15%的力量，使人能比在压抑状况下举起更大的重量。科学实验对此作了解释：大声叫喊能解除压抑——能调动全部潜能，包括那些受到阻碍和压抑的潜能。

　　第二，经常给予自己积极的暗示。暗示会产生强烈的心理优势，并引导潜在的动机产生行为。积极的带有成功意识的暗示会让我们较少利用意志力，在自发心理中实现自己的目标。

　　人们常常埋怨社会埋没人才，其实，由于缺乏信心和勇气，自卑、懒惰、安于现状、不思进取、自我埋没的现象也是相当普遍的。如果我们能多给自己一点刺激，多给自己一些积极的暗示，多一点信心、勇气、干劲，多一分胆略和毅力，就有可能使自己身上处于休眠状态的潜能发挥出来，创造出连自己也吃惊的成功来。